环境保护培训教材

室内环境检测

主　编　贾劲松

副主编　蒋利华　赵根成

主　审　姚运先

中国环境出版社·北京

图书在版编目（CIP）数据

室内环境检测/贾劲松主编. —北京：中国环境出版社，2017.6

ISBN 978-7-5111-3242-0

Ⅰ. ①室… Ⅱ. ②贾… Ⅲ. ①室内环境—环境监测—高等职业教育—教材 Ⅳ. ①X83

中国版本图书馆 CIP 数据核字（2017）第 148545 号

出 版 人 王新程
责任编辑 沈 建 郑中海
责任校对 尹 芳
封面设计 宋 瑞

出版发行 中国环境出版社
（100062 北京市东城区广渠门内大街 16 号）
网　　址：http://www.cesp.com.cn
电子邮箱：bjgl@cesp.com.cn
联系电话：010-67112765（总编室）
010-67113412（第二分社）
发行热线：010-67125803，010-67113405（传真）

印　　刷 北京市联华印刷厂
经　　销 各地新华书店
版　　次 2017 年 6 月第 1 版
印　　次 2017 年 6 月第 1 次印刷
开　　本 787×1092 1/16
印　　张 12.75
字　　数 280 千字
定　　价 38.00 元

【版权所有。未经许可，请勿翻印、转载，违者必究。】
如有缺页、破损、倒装等印装质量问题，请寄回本社更换

编 委 会

主　编　贾劲松

副主编　蒋利华　赵根成

参　编　方　晖　贺小凤　杨光明

主　审　姚运先

前　言

近年来，随着我国社会经济的飞速发展和人民生活水平的不断提高，直接关系到人体健康的室内环境质量问题正日益受到人们的普遍关注。进入 21 世纪以来，由建筑、装饰装修、家具和现代家电与办公器材等造成的室内环境污染，已成为影响人们健康的一大隐形杀手，被列入对公众健康危害最大的五种环境因素之一。在我国环境保护事业不断发展的新形势下，室内环境保护已成为环境保护事业不可或缺的重要组成部分。

为保护室内环境，我国相继颁发和更新了《民用建筑工程室内环境污染控制规范》《室内装饰装修材料有害物质限量》（GB 50325—2010，2013 年版）、《室内空气质量标准》（GB/T 18883—2002）等国家标准，对室内环境质量检测与评价、室内环境污染治理效果检测与评价提供了法律依据，同时也为室内环境检测机构开展社会服务的室内检测奠定了坚实基础。

本书在参照以上标准的现行版本基础上，结合高职高专院校室内检测与控制技术、环境监测与控制技术、工业分析与检验等相关专业的实际情况，针对我国室内环境检测的迫切需要，为满足室内环境检测人员的培训需要及高等学校环境类相关专业对室内环境检测教材的要求，根据我们多年从事室内环境检测的教学和实践及室内环境检测工考核经验编写而成。力求做到内容全面、重点突出，内容涵盖了监测分析基础知识、监测分析质量控制、室内环境检测基本理论及室内主要环境检测项目的分析测定等，具有较强的综合性、实用性和针对性。考虑到广大读者的宝贵意见，编者将书名由 2009 年出版的《室内环境检测技术》更名为《室内环境检测》，且为了使读者使用本书时便于查找，细化了全书目录。

本书主要用作职业资格考证培训及各大中专院校、环境保护相关企事业单位的培训教材；同时，也可供高职高专院校室内检测与控制技术专业、环境类其他各相关专业师生及室内装修和室内环境检测与治理等相关技术人员参考使用。

全书共四章：第一章室内环境检测基本理论；第二章监测分析基础知识；第三章监测分析质量控制；第四章室内环境检测项目的分析测定。第一章由赵根成（长沙环境保护职业技术学院）编写，第二章由贺小凤（深圳信息职业技术学院）编写，第三章由杨光明（长沙理工大学）编写，第四章由贾劲松（长沙环境保护职业技术学院）、蒋利华（长沙环境保护职业技术学院）编写，室内环境检测工理论模拟试题及操作技能考核评分参考标准由方晖（长沙环境保护职业技术学院）编写。由贾劲松、蒋利华负责全书的统稿工作。长沙环境保护职业技术学院姚运先教授对本书进行了全面审阅，并提出了许多宝贵意见，本书的出版得到了中国环境出版社的大力支持，在此一并致谢！

由于编写人员水平有限，加之时间仓促，书中难免有错漏和不妥之处，敬请各位同行和读者批评指正。

编　者

2017 年 3 月于长沙

目　录

第一章　室内环境监测基本理论

第一节　室内空气污染与室内环境

一、室内空气污染及其特点

室内环境（indoor environment）是指人们工作、生活、社交及其他活动所处的相对封闭的空间，包括住宅、办公室、学校教室、医院、候车（机）室、交通工具及体育、娱乐等室内活动场所。

室内空气污染是指由于通风不佳或室内引入能释放有害物质的污染源，而导致室内空气中化学、生物和物理等有害物质无论是从数量上还是种类上不断增加，并引起人的一系列不适症状。

（一）室内空气污染的表现

2001 年 12 月，中国室内环境监测中心公布了室内环境污染的 12 种症状，分别表现为：

（1）每天清晨起床时感到恶心憋闷、头晕目眩；

（2）家人经常感冒；

（3）家人长期精神、食欲不振；

（4）不吸烟却经常感到嗓子不适、呼吸不畅；

（5）家里孩子经常咳嗽、免疫力下降；

（6）家人有群发性的皮肤过敏现象；

（7）家人共有一种疾病，且离家后症状明显好转；

（8）新婚夫妇长期不孕，又查不出原因；

（9）孕妇正常怀孕发现婴儿畸形；

（10）新搬家或新装修的房子中植物不易成活；

（11）家养宠物莫名其妙死掉；

（12）新装修的房间内有刺鼻、刺眼等刺激性气味，且长时间不散。

（二）室内空气污染的特点

室内空气污染不仅来源广泛、种类繁多、对人体危害程度大，而且作为现代人生活、工作的主要场所，在现代的建筑设计中因为越来越考虑能源的有效利用，使其与外界的通风交换是非常少的。在这种情况下，室内和室外就变成两个相对不同的环境，因此室内环境污染就有其自身的特点，主要表现在以下几个方面：

（1）影响范围广。室内空气污染不同于特定的工矿企业环境，它包括居室环境、办公室环境、交通工具内环境、娱乐场所环境以及医院、疗养院环境等，故所涉及的人群数量大，几乎包括了整个年龄组。

（2）接触时间长。人一生中至少80%的时间是在室内度过的，当人们长期暴露在有污染的室内环境中时，污染物对人体的作用时间也就相应地增加了。

（3）污染物浓度高。很多室内环境，特别是刚刚装修完毕的室内环境，污染物从各种装修材料中释放出来的量较大，并且在通风换气不充分的条件下，污染物不能排放到室外，大量的污染物长期滞留在室内，使得室内污染物浓度很高，严重时室内污染物浓度可超过室外的几十倍之多。

（4）污染物种类多。室内空气污染有物理性污染、化学性污染、生物性污染、放射性污染等。特别是化学性污染，其中不仅有无机物污染，如氮氧化物、硫氧化物、碳氧化物等，还有更为复杂的有机污染，其种类可达上千种，并且这些污染物又可以重新发生作用产生新的污染物。

（5）污染物排放周期长。对于装修材料中释放出来的污染物，如甲醛，尽管在通风充足的条件下，它还是能不停地从材料空隙中释放出来。有研究表明甲醛的释放可达十几年之久，而对于放射性污染，其危害的时间则更长。

（6）危害表现时间不一。有的污染物在短期内就可以对人体产生极大的危害，而有的潜伏期很长，如放射性污染，潜伏期可达到几十年之久。

二、室内空气污染物

近年来，国内外对室内空气污染进行了大量的研究，已经检测到的有害物质达数百种，其中常见污染物有甲醛、苯、TVOC、氡、氨等。

（一）甲醛（HCHO）

1．甲醛的理化性质

甲醛别名蚁醛，是一种无色、有强烈刺激性气味的气体，相对分子质量为30.03，密度为1.083 g/mL，熔点−92℃，沸点−19.5℃。甲醛在常温下是气态，通常以水溶液形式出现。易溶于水、醇和醚，35%～40%的甲醛水溶液称为福尔马林，该溶液沸点为19℃，故在室温时极易挥发，随着温度的上升挥发速度加快。

2．甲醛的用途

甲醛是一种极强的杀菌剂，在医院和科研部门广泛用于标本的防腐保存，一些低劣的水性内墙涂料及白乳胶也有使用甲醛做防腐剂的，一些不法商人也用其来进行食品（如海产品、米粉等）的保鲜。

甲醛广泛用于工业生产中，是制造合成树脂、油漆、塑料以及人造纤维的原料，使人造板工业制造脲醛树脂胶、三聚氰胺树脂胶和酚醛树脂胶的重要原料。目前，世界各国生产人造板（包括胶合板、大芯板、中密度纤维板和刨花板等）主要使用的脲醛树脂胶（UF）为胶粘剂，脲醛树脂胶是以甲醛和尿素为原料，在一定条件下进行加成反应和缩聚反应而制成的胶粘剂。

3．甲醛污染对人体健康的危害

甲醛为较高毒性的物质，在我国有毒化学品优先控制名单上甲醛高居第二位。甲醛已经被世界卫生组织确定为致癌和致畸形物质，是公认的变态反应源，也是潜在的强致突变物之一。

研究表明：甲醛具有强烈的致癌和促癌作用。大量文献记载，甲醛对人体健康的影响主要表现在嗅觉异常、刺激、过敏、肺功能异常、肝功能异常和免疫功能异常等方面。其质量浓度在空气中达到 0.06～0.07 mg/m^3 时，儿童就会发生轻微气喘。当室内空气中的甲醛质量浓度为 0.1 mg/m^3 时，就有异味和不适感；达到 0.5 mg/m^3 时，可刺激眼睛，引起流泪；达到 0.6 mg/m^3 时，可引起咽喉不适或疼痛；质量浓度更高时，可引起恶心呕吐，咳嗽胸闷，气喘甚至肺水肿；达到 30 mg/m^3 时，会立即致人死亡。

长期接触低剂量甲醛可引起慢性呼吸道疾病，引起鼻咽癌、结肠癌、脑瘤、月经紊乱、细胞核的基因突变，DNA 单链内交联和 DNA 与蛋白质交联及抑制 DNA 损伤的修复、妊娠综合征、引起新生儿染色体异常、白血病，引起青少年记忆力和智力下降。在所有接触者中，儿童和孕妇对甲醛尤为敏感，危害也就更大。

4．室内空气中甲醛的来源

（1）装饰材料以及新的组合家具是造成甲醛污染的主要来源。装修材料及家具中的胶合板、大芯板、中纤板、刨花板（碎料板）的黏合剂余热、潮解时甲醛就会释放出来，是室内最主要的甲醛释放源。

（2）UF 泡沫做房屋防热、御寒的绝缘材料。在光和热的作用下泡沫老化，释放甲醛。

（3）用甲醛做防腐剂的涂料、化纤地毯、化妆品等产品。

（4）室内吸烟，每支烟的烟气中含甲醛 20～88 μg，并有致癌的协同作用。

（二）苯（C_6H_6）、甲苯（C_7H_8）、二甲苯（C_8H_{10}）

1．苯系物的理化性质

苯，分子式 C_6H_6，相对分子质量 78.11，20℃时相对密度 0.879 4，比水轻，且不溶于水，因此可以漂浮在水面上。苯的熔点是 5.51℃，沸点为 80.1℃，燃点为 562.22℃，在常温常压下是无色透明的液体，并具强烈的特殊芳香气味。因此，苯遇热、明火易燃烧、爆炸，苯蒸气与空气混合物的爆炸限是 1.4%～8.0%。苯是常用的有机溶剂，不溶于水，能与乙醇、氯仿、乙醚、二硫化碳、四氯化碳、冰醋酸、丙酮、油等混溶，因此常用做有机溶剂。

甲苯和二甲苯都为无色、有芳香气味，都具有易挥发、易燃的特点。

甲苯，分子式 C_7H_8，相对分子质量为 92.13，常温下为无色透明液体，有刺激性气味。20℃时相对密度为 0.866。熔点−95℃，沸点 110.8℃，燃点 552℃。不溶于水，能与乙醇、乙醚、苯、丙酮、二硫化碳、溶剂汽油混溶。易燃蒸气与空气形成爆炸性混合物，爆炸极限的体积分数 1.27%～7.0%。甲苯是胶粘剂中应用最广的溶剂，也可用做环氧树脂的稀释剂。

二甲苯别名混合二甲苯，分子式 C_8H_{10}，为对二甲苯、邻二甲苯、间二甲苯及乙苯的混合物，以间二甲苯含量较多。常温下为无色透明液体。溶于乙醇和乙醚，不溶于水。主要用做油漆涂料的溶剂。

2. 苯系物对人体的危害

苯、甲苯和二甲苯是以蒸气状态存在于空气中，中毒作用一般是由于吸入蒸气或皮肤吸收所致。由于苯系物属芳香烃类，使人一时不易警觉其毒性。

苯被世界卫生组织（WHO）国际癌症研究中心（IARC）确认为高毒致癌物质。它的危害主要表现在以下几个方面：

（1）慢性苯中毒主要是苯对皮肤、眼睛和上呼吸道有刺激作用。经常接触苯，皮肤可因脱脂而变干燥、脱屑，有的出现过敏性湿疹。天津医院部门统计发现，有些患过敏性皮炎、喉头水肿、支气管类及血小板下降等病症的患者其患病的原因均与房间装修时室内有害气体超标有关，专家们称为化合物质过敏症。

（2）长期吸入苯能导致再生障碍性贫血。初期时齿龈和鼻黏膜处有类似坏血病的出血症，并出现神经衰弱样症状，表现为头昏、失眠、乏力、记忆力减退、思维及判断能力降低等症状。以后出现白细胞减少和血小板减少，严重时可使骨髓造血功能发生障碍，导致再生障碍性贫血。若造血功能完全被坏，可发生致命的颗粒性白细胞消失症，并可引起白血病。近些年很多劳动卫生学资料表明：长期接触苯系混合物的工人中再生障碍性贫血罹患率较高。

（3）女性对苯系物危害较男性敏感，甲苯、二甲苯对生殖功能也有一定影响。育龄妇女长期吸入苯还会导致月经异常，主要表现为月经过多或紊乱，初时往往因经血过多或月经间期出血而就医，常被误诊为功能性子宫出血而贻误治疗。孕期接触甲苯、二甲苯及苯系混合物时，妊娠高血压综合征、妊娠呕吐及妊娠贫血等妊娠并发症的发病率显著增高，专家统计发现接触甲苯的实验室工作人员和工人的自然流产率明显增高。

长期接触一定浓度的甲苯、二甲苯会引起慢性中毒，可出现头痛、失眠、精神萎靡、记忆力减退等神经衰弱症。甲苯、二甲苯对生殖功能也有一定影响，并导致胎儿先天性缺陷（畸形）。对皮肤和黏膜刺激性大，对神经系统损害比苯强，长期接触还有引起膀胱癌的可能。

3. 室内空气中苯系物的来源

苯和甲苯常用作漆料的溶剂，还常用于建筑、装饰材料及人造板家具的溶剂、添加剂和黏合剂。所有的液体清洁剂中都含有甲苯。木着色剂、塑料管中也含有甲苯和二甲苯。

（三）总挥发性有机物（TVOC）

1. TVOC 的定义

WHO 对总挥发性有机物（Total Volatile Organic compound，TVOC）的定义为，熔点低于室温而沸点在 50～260℃的挥发性有机物的总称。

在目前已确认的 900 多种室内化学物质和生物性物质中，挥发性有机化合物（VOC）至少在 350 种以上（＞1 μg/L），其中 20 多种为致癌物或致突变物。由于它们单独的浓度低，但种类多，故总称为 TVOC，以 TVOC 表示其总量（总挥发性有机物），当若干种 VOC 共同存在于室内时，其联合毒性作用是不可忽视的。常见的 TVOC 有烷烃/环烷烃、芳香烃、烯烃、醇、酚、醛、酮、萜烯八类，包括甲醛、苯、甲苯、乙酸丁酯、乙苯、对（间）二甲苯、苯乙烯、邻二甲苯、十一烷等有机物。

2. TVOC 对人体的危害

TVOC 对人体的危害主要表现为异臭、头晕、头痛、乏力、眼睛干、鼻咽部干、咳嗽、喷嚏、流鼻涕、流泪、恶心、食欲下降、嗜睡、多梦、易怒、烦躁不安、健忘、皮肤干燥、皮肤瘙痒、皮炎、皮疹、月经不调，有时还会出现哮喘、呼吸困难、发憋、呕吐、工作效率低下等。

一般认为，室内 TVOC 质量浓度在 0.16～0.3 mg/m^3 时，对人体健康基本无害，但在装修中往往要超过，特别是不当的装修；当 TVOC 质量浓度为 3.0～25 mg/m^3 时，会产生刺激和不适，与其他因素联合作用时，可能出现头痛；当 TVOC 质量浓度大于 25 mg/m^3 时，除头痛外，可能出现其他的神经毒性作用。

3. TVOC 的来源

室内环境中 TVOC 主要是由建筑材料、清洁剂、油漆、含水涂料、黏合剂、化妆品和洗涤剂等释放出来的，此外吸烟和烹饪过程中也会产生。

WHO 曾列出了室内常见的 TVOC 种类和来源，见表 1-1。

表 1-1　常见的 TVOC 种类和来源

TVOC	来　源
甲醛	杀虫剂、压板制成品、尿素-甲醛泡沫绝缘材料（UFFI）、硬木夹板、黏合剂、粒子板、层压制品、油漆、塑料、地毯、软塑家具套、石膏板、接合化合物、天花瓦及壁板、非乳胶嵌缝化合物、酸固化木涂层、木制壁板、塑料/三聚氰烯酰胺壁板、乙烯基（塑料）地砖、镶木地板
苯	室内燃烧烟草的烟雾、溶剂、油漆、染色剂、清漆、图文传真机、电脑终端机及打印机、接合化合物、乳胶嵌缝剂、水基黏合剂、木制壁板、地毯、地砖黏合剂、污点/纺织品清洗剂、聚苯乙烯泡沫塑料、塑料、合成纤维
四氯化碳	溶剂、制冷剂、喷雾剂、灭火器、油脂溶剂
三氯乙烯	溶剂、经干洗布料、软塑家具套、油墨、油漆、亮漆、清漆、黏合剂、图文传真机、电脑终端机及打印机、打字机改错液、油漆清除剂、污点清除剂
四氯乙烯	经干洗布料、软塑家具套、污点/纺织品清洗剂、图文传真机、电脑终端机及打印机
氯仿	溶剂、染料、除害剂、图文传真机、电脑终端机及打印机、软塑家具垫子、氯仿水
1,2-二氯苯	干洗附加剂、去油污剂、杀虫剂、地毯
1,3-二氯苯	杀虫剂
1,4-二氯苯	除臭剂、防霉剂、空气清新剂/除臭剂、抽水马桶及废物箱除臭剂、除虫丸及除虫片
乙苯	与苯乙烯相关的制成品、合成聚合物、溶剂、图文传真机、电脑终端机及打印机、聚氨酯、家具抛光剂、接合化合物、乳胶及非乳胶嵌缝化合物、地砖黏合剂、地毯黏合剂、亮漆硬木镶木地板
甲苯	溶剂、香水、洗涤剂、染料、水基黏合剂、封边剂、模塑胶带、墙纸、接合化合物、硅酸盐薄板、乙烯基（塑料）涂层墙纸、嵌缝化合物、油漆、地毯、压木装饰、乙烯基（塑料）地砖、油漆（乳胶及溶剂基）、地毯黏合剂、油脂溶剂
二甲苯	溶剂、染料、杀虫剂、聚酯纤维、黏合剂、接合化合物、墙纸、嵌缝化合物、清漆、树脂及陶瓷漆、地毯、湿处理影印机、压板制成品、石膏板、水基黏合剂、油脂溶剂、油漆、地毯黏合剂、乙烯基（塑料）地砖、聚氨酯涂层

（四）氡（^{222}Rn）

1. 氡的理化性质

氡是一种惰性天然放射性气体，无色无味。平常所说的 ^{222}Rn 也包含其子体。氡在空气中以自由原子状态存在，很少与空气中的颗粒物质结合。氡气易扩散，能溶于水和脂肪，在体温条件下，极易进入人体。氡的半衰期为 3.8 天，它最终裂变成一系列的“短命”的同位素，即氡子体，包括 ^{218}Po、^{214}Pb、^{214}Bi 和 ^{214}Po。氡就像空气一样，很大部分在被人体吸入的同时也会被呼出，但是 ^{222}Rn 在进一步衰变过程中会释放出α、β、γ等 8 个子代核素，这些子体物质与母体全然不同，是固体粒子，有着很强的附着力，它们能在其他的物质表面形成放射性薄层，也可以与空气中的一些微粒形成结合态，这种结合态被称作放射性气溶胶。

2. 氡对人体的危害

氡是除吸烟以外引起肺癌的第二大因素，世界卫生组织把它列为使人致癌的 19 种物质之一。

氡本身虽然是惰性气体，但其衰变的子体极易吸附在空气中的细微粒上，这就是氡子体。氡及其子体通过内照射给人类造成损害，氡子体随呼吸进入人体后，氡子体会沉积在气管、支气管部位，部分深入到人体肺部，氡子体就在这些部分不断积累，并继续快速衰变产生很强的辐射。统计表明，大部分肺癌就在这个部位发生。氡子体在衰变的同时，放射出能量高的粒子，杀伤人体细胞组织，被杀死的细胞可通过新陈代谢再生，但被杀伤的细胞就有可能发生变异，成为癌细胞，使人患有癌症。受氡辐射时间越长，初始辐射年龄越小，危险程度就越高。氡对人体脂肪有很高的亲和力，特别是氡与神经系统结合后，危害更大。医学临床多项试验表明，多种疾病，像恶性肿瘤、白血病等，都与氡等放射性物质有关。美国环保局已将氡列为最危险的致癌因子之一，美国国家安全委员会将氡列为仅次于酗酒群的第二大死亡原因。科学研究表明，氡诱发肺癌的潜伏期大多都在 15 年以上，世界上有 1/5 的肺癌患者与氡有关。

由于氡的危害是长期积累的，且不易被察觉，因此，必须引起高度重视。尽管氡及其子体的寿命都不长，但由于它们是铀、镭等衰变的产物，只要地球上存在铀、镭等天然放射性核素，氡及其子体便会源源不断被释放出来。因此人们不可能完全摆脱氡，只能尽量避免接触高浓度的氡。科学研究发现，氡对人体的辐射伤害占人体受到的全部辐射的 55%以上，对人体健康威胁极大。据美国国家安全委员会估计，美国每年因为氡而死亡的人数达到 30 000 人。美国科学院在 1998 年发表的室内氡照射的健康影响报告估计，美国每年有 15 000 人死于由于氡引起的肺癌。我国也存在着严重的氡污染问题，1994 年以来我国调查了 14 座城市的 1 524 个写字楼和居室，空气中氡含量超越国家标准的占 6.8%，氡含量最高的达到 596 Bq/m^3，是国家标准的 6 倍！有关部门曾对北京地区公共场所进行室内氡含量调查，发现室内氡含量最高值是室外的 3.5 倍，据不完全统计，我国每年因氡致肺癌为 50 000 例以上。

3. 室内空气中氡的来源

室内氡的来源主要有以下几方面：

（1）从地基土场所中析出的氡

在地层深处含有铀、镭、钍的土壤和岩石中人们可以发现高浓度的氡。这些氡可以通过地层断裂带，进入土壤，并沿着地的裂缝扩散到室内。一般而言，低层住房室内氡含量较高。

（2）从建筑材料中析出的氡

1982 年联合国原子辐射效应科学委员会的报告指出，建筑材料是室内氡的最主要来源，如花岗岩、砖沙、水泥及石膏之类，特别是含有放射性元素的天然石材，易释放出氡。各种石材由于产地、地质结构和生成年代不同，其放射性也不同。国家质量监督检验检疫总局曾对市场上的天然石材进行了监督抽查，从检测结果看，其中花岗岩超标较多，放射性较高。我国生产的一些釉面砖也会使室内空气中放射性氡浓度增高。

（3）从户外空气带入室内的氡

在室外空气中氡的辐射剂量是很低的，可是一旦进入室内，就会在室内大量地积聚。室内氡还具有明显的季节变化，冬季最高，夏季最低。可见，室内通风状况直接决定了室内氡气对人体危害性的大小。

（4）从日常用水以及用于取暖和厨房设备的天然气中释放出的氡。这方面只有水和天然气的含量比较高时才会有危害。

（五）氨

1. 氨的理化性质

氨是一种无色且具有强烈刺激性臭味的气体，比空气轻（相对密度为 0.5）。

2. 氨对人体的危害

氨是一种碱性物质，它对所接触的皮肤组织都有腐蚀和刺激作用，可以吸收皮肤组织中的水分，使组织蛋白变性，并使组织脂肪皂化，破坏细胞膜结构。浓度过高时除腐蚀作用外，还可通过三叉神经末梢的反向作用而引起心脏停搏和呼吸停止。氨通常以气体形式吸入人体进入肺泡内，氨被吸入肺后容易通过肺泡进入血液，与血红蛋白结合，破坏运氧功能。氨的溶解度极高，所以主要对动物或人体的上呼吸道有刺激和腐蚀作用，减弱人体对疾病的抵抗力。少部分氨为二氧化碳所中和，余下少量的氨被吸收至血液可随汗液、尿或呼吸道排出体外。部分人长期接触氨可能会出现皮肤色素沉积或手指溃疡等症状；短期内吸入大量氨气后可出现流泪、咽痛、声音嘶哑、咳嗽、痰带血丝、胸闷、呼吸困难，可伴有头晕、头痛、恶心、呕吐、乏力等症状，严重者可发生肺水肿、成人呼吸窘迫综合征，同时可能发生呼吸道刺激症状。所以碱性物质对组织的损害比酸性物质深而且严重。

为了证明空气中低浓度的氨对人体健康也是有危害和影响的，专家们监测了在 3～13 mg/m^3 氨的室内环境中工作的工人们，历时 8 h，每组 10 人，并将他们与不接触氨的健康人比较，发现试验组人群的尿中尿素和氨的含量均增加，血液中尿素则明显增加。

3. 空气中氨的来源

（1）主要来自建筑施工中使用的混凝土外加剂

特别是在冬季施工过程中，在混凝土墙体中加入以尿素和氨水为主要原料的混凝土防冻剂。这些含有大量氨类物质的外加剂在墙体中随着温湿度等环境因素的变化而还原成氨气并从墙体中缓慢释放出来，造成室内空气中氨的浓度大量增加。

（2）室内装饰材料中的添加剂和增白剂

室内空气中的氨也可来自装饰装修材料中的添加剂和增白剂。但是，这种污染释放期比较快，不会在空气中长期大量积存，对人体的危害相应小一些。

（六）其他污染物

1. 一氧化碳（CO）

（1）一氧化碳的理化性质

一氧化碳为无色、无味气体，相对分子质量为 28.0，对空气相对密度为 0.967。在标准状况下，1 L 气体质量为 1.25 g，100 mL 水中可溶解 0.024 9 mg（20℃）。燃烧时为淡蓝色火焰。

（2）一氧化碳对人体的危害

一氧化碳是有害气体，对人体有强烈的毒害作用。一氧化碳中毒时，使红细胞的血红蛋白不能与氧结合，妨碍了机体各组织的输氧功能，造成缺氧症。当一氧化碳质量浓度为 12.5 mg/m^3 时，无自觉症状，50.0 mg/m^3 时会出现头痛、疲倦、恶心、头晕等感觉，700 mg/m^3 时发生心悸亢进，并伴随有虚脱危险，1 250 mg/m^3 时出现昏睡，痉挛而死亡。有时根据碳氧血红蛋白（COHb）来评价室内一氧化碳低暴露水平对人体的影响，3～11 岁儿童 COHb 平均饱和度为 1.01%；12～74 岁不吸烟人群为 1.25%。但成年不吸烟人群中 4%的人 COHb 超过 2%～5%。室内污染所致 COHb 饱和度只有超过 2%，才会影响心肺病人的活动能力，加重心血管的缺血症状。

（3）室内空气中一氧化碳的来源

CO 是燃料不完全燃烧产生的污染物，若没有室内燃烧污染源，室内 CO 浓度与室外是相同的。室内使用燃气灶或小型煤油加热器，其释放 CO 量是 NO_2 的 10 倍。厨房使用燃气灶 10～30 min，CO 水平在 12.5～50.0 mg/m^3。由于一氧化碳在空气中很稳定，如果室内通风较差，CO 就会长时间滞留在室内。

2. 二氧化碳（CO_2）

（1）二氧化碳的理化性质

二氧化碳为无色、无臭气体，相对分子质量为 44.01，相对密度为 1.977（0℃时）。在标准状况下，1 L 气体质量为 1.977 g。二氧化碳能被液化，其再度为气体时，蒸发极快；未蒸发的液体凝结而成的雪状固体，称为干冰。

（2）二氧化碳对人体的危害

长时间吸入二氧化碳体积分数 4%（80 000 mg/m^3）时，会出现头痛等神经症状，达到 8%（160 000 mg/m^3）以上可引起死亡。室内空气二氧化碳体积分数在 0.07%（1 400 mg/m^3）时，人体感觉良好；0.1%（2 000 mg/m^3）时，个别敏感者有不舒服感；0.15%（3 000 mg/m^3）时，不舒服感明显；0.2%（4 000 mg/m^3）时，室内卫生状况明显恶化；0.3%（6 000 mg/m^3）以上时，人们出现明显头痛等其他症状。

（3）室内空气中二氧化碳的来源

室内 CO_2 主要来自人体呼出气，燃料燃烧和生物发酵。室内 CO_2 水平受人均占有面积、吸烟和燃料燃烧等因素影响。在我国北方，冬天燃烧烹饪及分散式取暖，加上通风不足，室内二氧化碳体积分数可达 2.0%（40 000 mg/m^3）以上。在南方，由于室内通风条件良好，如果人均占有面积大于 3 m^3，室内二氧化碳浓度均在 0.10%以下。

3．氮氧化物（NO_x）

（1）氮氧化物的理化性质

氮氧化物是常见的空气污染物，通常指一氧化氮和二氧化氮，常以 NO_2 表示。一氧化氮是一种无色无味的气体，微溶于水。在空气中能迅速变为二氧化氮。二氧化氮有刺激性，在室温下为红棕色，具有较强的腐蚀性和氧化性，易溶于水，在阳光作用下能形成 NO 及 O_3。

（2）氮氧化物对人体的危害

在氮氧化物高污染区（空气中氮氧化物质量浓度约为 0.20 mg/m^3）儿童肺功能和呼吸系统疾病发病率均相对较高。国外调查表明，使用煤气家庭患有呼吸系统症状和疾病的儿童比例增加，且儿童肺功能明显降低。氮氧化物对人体产生危害作用的阈质量浓度为 0.31～0.62 mg/m^3。

（3）室内空气中氮氧化物的来源

室内氮氧化物主要来自人们在烹饪及取暖过程中燃料的燃烧产物。燃煤气和液化气排放的污染物主要是氮氧化物。室内氮氧化物浓度、扩散和稀释取决于通风量，通风量越大，氮氧化物稀释扩散越快，浓度下降越明显。吸烟也是室内氮氧化物的主要来源。

4．臭氧（O_3）

（1）臭氧的理化性质

臭氧是氧的同素异形体，为无色气体，有特殊臭味。臭氧在常温下分解缓慢，在高温下分解迅速，形成氧气。臭氧在大气污染中有着重要的意义，在紫外线的作用下，臭氧与烃类和氮氧化物的光化学反应，形成具有强烈刺激作用的有机化合物，称为光化学烟雾。臭氧在水中的溶解度比较高，是一种广谱高效消毒剂，可作为生活饮用水的消毒剂使用。

（2）臭氧对人体的危害

臭氧具有强烈的刺激性，对人体有一定的危害。它主要是刺激和损害深部呼吸道，并可损害中枢神经系统，对眼睛有轻度的刺激作用。当大气中臭氧质量浓度为 0.1 mg/m^3 时，可引起鼻和喉头黏膜的刺激；质量浓度在 0.1～0.2 mg/m^3 时，引起哮喘发作，导致上呼吸道疾病恶化，同时刺激眼睛，使视觉敏感度和视力降低；臭氧质量浓度在 2 mg/m^3 以上可引起头痛、胸痛、思维能力下降，严重时可导致肺气肿和肺水肿。此外，臭氧还能阻碍血液输氧功能，造成组织缺氧；使甲状腺功能受损、骨骼钙化；还可引起潜在性的全身影响，如诱发淋巴细胞染色体畸变，损害某些酶的活性和产生溶血反应。

（3）室内空气中臭氧的来源

臭氧主要来自室外的光化学烟雾。此外，室内的电视机、复印机、激光印刷机、负离子发生器、紫外灯、电子消毒柜等在使用过程中也都能产生臭氧。室内的臭氧可以氧化空气中的其他化合物而自身还原成氧气；还可被室内多种物体所吸附而衰减，如橡胶制品、纺织品、塑料制品等。臭氧是室内空气中最常见的一种氧化型污染物。

5．二氧化硫（SO_2）

（1）二氧化硫的理化性质

二氧化硫是有强烈刺激性的无色气体，易溶于水。

（2）二氧化硫对人体的危害

因为二氧化硫易溶于水，因此它危害的器官主要是上呼吸道。它与水分结合形成亚硫酸、硫酸，刺激眼睛和鼻黏膜，并具有腐蚀性。当用鼻平静呼吸时，实际上不会进入肺内。只有用口呼吸或用鼻进行深呼吸或二氧化硫吸附于尘粒表面时，肺部才能接触到二氧化硫。当其质量浓度达到 0.5 mg/m^3 和 1.5 mg/m^3 会出现气管炎、支气管炎。

（3）室内空气中二氧化硫的来源

室内二氧化硫主要来自人们在烹饪及取暖过程中燃料的燃烧产物，室内烟草不完全燃烧也是室内二氧化硫的重要来源。一般来讲，燃煤户室内空气二氧化硫浓度明显高于燃气户，厨房浓度高于卧室，冬季浓度高于夏季。

6．可吸入颗粒物（PM_{10}）

（1）可吸入颗粒物的理化性质

可吸入颗粒物（Particular matter Less than 10 μm，PM_{10}），也称飘尘，是指悬浮在空气中，空气动力学当量直径小于 10 μm 的颗粒物。PM_{10} 的理化特性因其来源不同而异。无机成分可有氧化硅、石棉或金属细粒及其化合物（汞、铅、铁、镉、锰、铬等），很多燃烧不完全的黑烟都是炭粒。炭粒上除了可吸附很多无机物以外，还吸附很多烃类化合物（尤其是多环芳烃类化合物）、有害气体如 SO_2、NO_2、甲醛等以及很多病原微生物。

（2）可吸入颗粒物对人体的危害

可吸入颗粒物中很大一部分比细菌还小，人眼观察不到，它可以几小时、几天甚至更长时间飘浮在空气中，不断蓄积，使污染程度加重。它能越过呼吸道的屏障，黏附于支气管壁或肺泡壁上。粒径不同的可吸入颗粒物随空气进入肺部，以碰撞、扩散、沉积等方式，滞留在呼吸道的不同部位。各种粒径不同的微小颗粒，在人的呼吸系统沉积的部位不同，粒径大于 10 μm 的，吸入后绝大部分阻留在鼻腔和鼻咽喉部，只有很少部分进入气管和肺内。粒径大的颗粒，在通过鼻腔和上呼吸道时，则被鼻腔中鼻毛和气管壁黏液滞留和黏着。据研究，鼻腔滤尘功能可滤掉为吸气中颗粒物总量的 30%～50%。由于颗粒对上呼吸道黏膜的刺激，使鼻腔黏膜功能亢进，腔内毛细血管扩张，引起大量分泌液，以直接阻留更多的颗粒物，这是机体的一种保护性反应。若长期吸入含有颗粒状物质的空气，鼻腔黏膜持续亢进，致使黏膜肿胀，发生肥大性鼻炎。此后由于黏膜细胞营养供应不足，使黏膜萎缩，逐渐形成萎缩性鼻炎。在这种情况下鼻腔滤尘功能显著下降，进而引起咽炎、喉炎、气管炎和支气管炎等。

长期生活在可吸入颗粒物浓度高的环境中，呼吸系统发病率增高。特别是慢性阻塞性呼吸道疾病（如气管炎、支气管炎、支气管哮喘、肺气肿、肺心病等）发病率显著增高，且又可促进这些病人病情恶化，提前死亡。

在颗粒物表面还能浓缩和富集某些化学物质，如多环芳烃类化合物等，这些物质常常浓缩在颗粒物表面，成为该类物质的载体，随呼吸进入人体成为肺癌的致病因子。许多重金属如汞、铅、铁、镉、锰、铬等的化合物附着在颗粒表面上，也可对人体造成危害。在作业环境中长期吸入含有二氧化硅的粉尘，可以使人得硅肺病。这类疾病往往发生于翻砂、水泥、煤矿开凿等工作中。

（3）室内空气中可吸入颗粒物的来源

室内空气中可吸入颗粒物的主要来源是燃料不完全燃烧所形成的烟雾，还有吸烟及某些建筑材料释放出的污染物等。

三、室内环境质量影响因素

1. 通风

通风不良是影响室内空气质量的主要原因之一。美国职业安全与卫生研究所的调查表明，影响室内空气质量的因素很多，在室内空气可能影响人体健康的几大因素中，通风不良占到48%。

一些致病微生物容易通过空气传播，形成“室内生物污染”。特别是在通风不良、人员拥挤、冷气暖气开放、相对封闭的环境，容易使细菌、病毒、霉菌、螨虫等微生物大量繁衍，引发流行性感冒，儿童、老人的呼吸道哮喘等疾病。

通风不良使得各种污染物，包括装修产生污染物等不易扩散和稀释，从而给人体健康带来不利的影响。办公设备、家具等也在排放大量的有害气体。

室内通风非常重要。以二氧化碳为例，研究人员通常将二氧化碳的含量作为衡量室内空气状况的一个重要指标。表 1-2 列出了不同浓度的二氧化碳对人体健康的影响。

表 1-2 不同二氧化碳浓度下的感觉

二氧化碳体积分数	可能出现症状
0.03%～0.04%	正常情况
0.1%～0.15%	有不适的感觉
4%	头晕、头痛、耳鸣、眼花、血压升高等症状
30%	窒息死亡

一个人在正常情况下每小时要呼出 22 L 二氧化碳，从事重体力活动时每小时呼出 80 L 二氧化碳。如果室内通风不良，这些人体呼出的二氧化碳就会集聚在室内，从而影响人体健康，而室外的新鲜空气则可以将室内的污染物稀释掉。经常打开窗户让室内空气流动，是解决室内空气污染最有效的办法。

根据 2003 年 3 月 1 日起施行的《室内空气质量标准》（GB/T 18883—2002）规定：室内每人每小时需要的新鲜空气量≥30 m^3/（h·人）。

2. 室内污染源

室内环境污染源按照污染物的性质分为三大类。

第一大类——化学污染：主要来自装修、家具、煤气热水器、厨房油烟、杀虫喷雾剂、化妆品、抽烟等；

第二大类——物理污染：主要来自室外及室内的电器设备产生的噪声、光和建筑装饰材料产生的放射性污染等；

第三大类——生物污染：主要来自寄生于室内装饰装修材料、生活用品和空调中产生的螨虫及其他细菌等。

根据社会发展状况和现代化程度的不同，各地的室内污染状况有所不同。在发达国家，居室内环境的污染以烟草、烟雾、氡造成的放射性污染以及尘螨、霉菌等生物性污染为主。而在大多数发展中国家，则以燃煤和生物性燃料燃烧以及建筑装修材料造成的化学性污染为主。

化学污染是室内环境的主要污染，据统计，至今已发现的室内化学污染物超过 500 种，其中挥发性有机化合物（VOC）超过 300 种。

（1）燃料燃烧产生的室内化学污染

目前，我国常用的生活燃料有煤、天然气、煤制气和液化石油。在农村地区，还有生物燃料，如木材、植物秸秆及粪便等。这些燃料在燃烧中产生多种污染物质，各种污染物在室内不断聚集，构成了室内空气化学污染的主要污染源之一。根据燃料的种类不同，燃烧产物也不相同。燃烧产生的化学污染物主要有碳氧化物，如 CO 和 CO_2；含氧类烃，如醛类芳香烃等；氮氧化物（NO_x）；多环芳烃，如苯并[a]芘；硫氧化合物，如 SO_2 等；金属和非金属氧化物，如砷、铅、镉及其氧化物等。此外，还有悬浮颗粒物（其中可吸入颗粒物含量较高），这些粒径很小的颗粒物质可以直接沉积在人的呼吸道，危害人体健康。

（2）烹调油烟产生的室内化学污染

我国的烹调方法主要采用高温油炸烹炒等，烹调使用的食用油和食物在高温条件下，发生一系列复杂的反应变化，其中部分分解产物以烟雾形式散发到空气中，形成油烟雾。据检测，这种油烟雾中包含着超过 200 种化合物，主要有醛、酮、烃、脂肪酸、醇、芳香烃、酯和杂环化合物等。这些化合物中就包括致癌物以及导致心脑血管疾病的脂肪氧化物等多种危害人体健康的污染物。

（3）吸烟产生的室内化学污染

吸烟是产生室内化学污染的主要来源之一。香烟烟雾中的成分复杂，目前已鉴定出的烟雾中的化学物质有数千种。它们以气态或颗粒物的形式散发在室内空气中，主要有 NO_2、CO_2、CO、挥发性硫化物、亚硝基化合物、醛类以及尼古丁等。这些化学物质造成室内环境的严重污染可使人致病或致癌。

（4）日用化学品产生的室内化学污染

在现代生活中，几乎不可避免地使用各种日用化学品。这些日用化学品种类繁多，所含化学物质各异，在使用过程中可能污染室内空气，影响人的身体健康。如各种洗涤产品、清洁产品、化妆品、皮鞋保护剂、空气清新剂、卫生杀虫剂、除臭剂，都会有挥发性有机化合物（见表 1-3），其中的有害物质散发到空气中，危害人体健康。

表 1-3 部分日用化学品的组成

化学品名称	组　成
液体清洁剂	磷酸盐、TVOC、芳香烃（甲苯、对二甲苯、氯苯）
固体清洁剂	氯化烃、醇、酮、酯
杀虫剂	硫、氯化钙、TVOC、脂肪烃、芳香烃（二甲苯、氯苯）
除臭剂	丙烯基乙二醇、乙醇

（5）建筑材料和室内装饰装修材料产生的室内化学污染

随着建筑业的发展以及人们审美观的提高，各种新型的建筑材料和装饰装修材料不断涌现。这些材料向室内空气中释放着许多有毒有害物质，如甲醛、苯、甲苯、二甲苯、醚、酯类等。表 1-4 列出了常见室内污染物的来源，从表中可以看出，建筑材料和室内装饰装修材料是造成室内环境化学污染的重要来源。

表 1-4　常见室内污染物的来源

常见室内污染物	主要来源
甲醛	①用作室内装饰的胶合板、细木工板、中密度纤维板等人造板材 ②用人造板制造的家具 ③含有甲醛成分并有可能向外界散发的其他各类装饰材料，如墙纸、化纤地毯、泡沫塑料、油漆和涂料等
苯	①涂料的添加剂和稀释剂 ②胶粘剂 ③防水材料
TVOC	①燃烧产物（包括吸烟） ②涂料和胶粘剂等装饰材料 ③家具 ④家用电器 ⑤清洁剂 ⑥人体本身的排放
氡	①含有放射性元素的天然石材 ②其他建筑材料，如花岗岩、砖、砂、水泥及石膏
氨	混凝土外加剂

建筑材料和室内装饰装修材料中的污染物释放是一个持续、缓慢的过程，它们在长期综合作用下，尤其是在通风不良的建筑物内，由于室内污染物得不到及时的清除，容易使人出现不良反应及疾病。

（6）其他化学污染

除上述因素产生的室内化学污染外，人体的活动，如呼吸产生的 CO_2、代谢产物产生的 NH_3、办公室用复印机产生 O_3 以及室内种植的花卉可能产生的有毒气体等，这些都是造成室内化学污染的因素。

3. 室外环境的影响

室外环境与室内是有联系的，室外的污染必定影响室内。室外在没有工业污染的条件下主要受交通车辆散发的 VOCs 气体影响。研究表明，无论室内还是室外，总是离地面越高 VOCs 的含量越低。一般认为建筑物的一层受到室外的影响较大。

四、绿色建材与健康住宅

1. 绿色建材

（1）绿色建材及产品的概念

绿色建材是指采用清洁生产技术，少用不可再生资源和能源，大量使用工业或城市固态废物生产的无毒害、无污染、有利于人体健康的建筑材料。它是对人体、周边环境无害的健康、环保、安全（消防）型建筑材料，属“绿色产品”概念中的一个分支概念，国际上也称为生态建材、健康建材和环保建材。1992 年，国际学术界明确提出绿色材料的定义，即绿色材料是指在原料采取、产品制造、使用或者再循环以及废料处理等环节中对地球环境负荷为最小、有利于人类健康的材料，也称为“环境调和材料”。绿色建材就是绿色材料中的一大类。

从广义上讲，绿色建材不是单独的建材品种，而是对建材“健康、环保、安全”属性的评价，包括对生产原料、生产过程、施工过程、使用过程和废物处置五大环节的分项评价和综合评价。绿色建材的基本功能除作为建筑材料的基本实用性外，就在于维护人体健康、保护环境。

绿色建材产品是指具有优异的质量、使用性能和环境协调性的建筑材料。即其产品的质量必须符合或优于该产品的国家相关标准，同时在其生产过程中采用符合国家规定允许使用的原燃材料，排出的废气、废液、废渣、烟尘、粉尘等的数量、成分达到或严于国家允许的排放标准。在使用过程中达到国家规定的无毒、无害标准，并在组合成建筑用品时不会引发污染和安全隐患。废弃时对人体、大气、水质、土壤等的影响低于国家环保标准允许的指标规定，并在可能的条件下注意利用废物和重复使用。

2002 年 11 月中国建筑材料工业协会首次提出了“绿色建材产品”的定义，并从 2003 年开始每年开展了“绿色建材产品（性能）”评定工作，旨在为国家工程建设和百姓家装推荐绿色建材产品，引导建材企业走新型工业化发展道路，从而推进我国建材工业的绿色化进程。

（2）绿色建材的基本特征

绿色建材与传统建材相比，绿色建材可归纳出以下五个方面的基本特征：

① 其生产所用原料尽可能少用天然资源，大量使用尾矿、废渣、垃圾、废液等废物；

② 采用低能耗制造工艺和不污染环境的生产技术；

③ 在产品配制或生产过程中，不使用甲醛、卤化物溶剂或芳香族碳氢化合物，产品中不得含有汞及其化合物，不得用含铅、镉、铬及其化合物的颜料和添加剂；

④ 产品的设计是以改善生活环境、提高生活质量为宗旨，即产品不仅不损害人体健康，而且应有益于人体健康，产品具有多功能化，如抗菌、灭菌、防雾、除臭、隔热、阻燃、防火、调温、调湿、消声、消磁、防射线、抗静电等；

⑤ 产品可循环或回收再生利用，无污染环境的废物。

2．健康住宅

健康住宅是在满足住宅建设基本要素的基础上，提升健康要素，保障居住者生理、心理、道德和社会适应等多层次的健康需求，促进住宅建设可持续发展，进一步提高住宅质量，营造出舒适、健康的居住环境。

根据 WHO 的定义，“健康住宅”就是能使居住者在身体上、精神上、社会上完全处于良好状态的住宅，具体有以下几点要求。

（1）会引起过敏症的化学物质的浓度很低；

（2）为满足（1）的要求，尽可能不使用容易散发出化学物质的胶合板、墙体装修材料等；

（3）设有性能良好的换气设备，能将室内污染物质排至室外，特别是对高气密性、高隔热性住宅来说，必须采用具有风管的中央换气系统，进行定时换气；

（4）在厨房灶具或吸烟处要设局部排气设备；

（5）起居室、卧室、厨房、厕所、走廊、浴室要全年保持在 17～27℃；

（6）室内的相对湿度全年保持在 40%～70%；

（7）二氧化碳质量浓度要低于 1 000 cm^3/m^3；

（8）悬浮粉尘质量浓度要低于 0.15 mg/m^3；

（9）噪声级要小于 50 dB（A）；

（10）一天的日照要确保 3 h 以上；

（11）设有足够亮度的照明设备；

（12）住宅具有足够的抗自然灾害能力；

（13）住宅要便于护理老龄者和残疾人；

（14）因建筑材料中含有有害挥发性有机物质，所以在住宅竣工后，要隔一段时间（至少 2 个星期）才能入住，在此期间要进行良好的通风和换气，必要时，在入住前可接通采暖设备，提高室内温度，以加速化学物质的挥发。

2001 年，国家住宅与居住环境工程技术研究中心在调查研究的基础上，编制和发布了《健康住宅建设技术要点》（2001 年版），并启动了以住宅小区为载体的健康住宅建设试点工程，以检验和转化健康住宅研究成果。这两项行动受到了社会各界的深切关注。2004 年修订的《健康住宅建设技术要点》具有更大的指导性，分别从居住环境和社会环境两方面对健康住宅的建设提出了技术要求，其中居住环境包括住区环境、住宅空间、空气环境、热环境、声环境、光环境、水环境、绿化环境、环境卫生等内容，住区社会功能、住区心理环境、健身体系、保健体系、公共卫生体系、文化养育体系、社会保险体系、健康行动、健康物业管理等内容。同时，2009 年 10 月 21 日中国工程建设标准化协会的《健康住宅建设技术规程》（CECS 179：2009）也对以上内容提出了规范要求。

健康住宅的建设理念反映了三方面的关系：

（1）健康要素和基本要素之间的关系

住宅建设有 4 个基本要素，即适用性、安全性、舒适性和健康性。适用性和安全性属于第一层次，从适用和安全的角度提出问题，解决问题，现行的有关规范和标准由此而建立。随着国民经济的发展和人民生活水平的提高，对住宅建设提出更高层次的要求，即舒适性和健康性。我们往往只提舒适性，对健康性认识不足。健康是发展生产力的第一要素，保障全体国民应有的健康水平是国家发展的基础。而且，健康性和舒适性是关联的。健康性是以舒适性为基础，是舒适性的发展。

提升健康要素，在于推动从健康的角度研究住宅，以适应住宅转向舒适、健康型的发展需要。提升健康要素，也必然会促进其他要素的进步。

（2）健康要素和居住环境之间的关系

住宅既在物质方面，也在精神方面反映出居住者对健康的需求。“健康”的概念原来只包括生理、心理和社会适应三个方面，就是人的躯体和器官健康，身体健壮、无病；精神与智力正常；有良好的人际交往和社会适应能力。1989 年 WHO 把“道德健康”纳入健康的范畴，强调一个人不仅对自己的健康负责，而且要对他人的健康负责，道德观念和行为合乎社会规范，不以损害他人的利益来满足自己的需要。只有生理、心理、道德和社会适应 4 个层次都健康，才算是完全的健康。

对健康广义的理解，将促使培养完全健康的人，进而对居住环境提出更高的要求，也有利于居住者自觉维护环境整洁和美观，协助建设和改善居住环境。

（3）健康要素和可持续发展之间的关系

1996年联合国第二届人类住区大会提出“人人享有适当的住房”和“城市化进程中人类住区可持续发展”，住宅建设可持续发展已成为一种理念。国际上为此提出了3项原则：① 节约资源，有效利用资源；② 减少或合理处理废物以保护环境；③ 确保居住者最广泛意义上的健康。强调在节约资源和保护环境的同时，要考虑健康要素，相互协调发展。

截至2014年年底，我国已经建设58个健康住宅试点工程，分布在全国41个城市。

五、车内空气污染

进入21世纪，汽车在新材料、新技术领域都有了较大突破，但车内空气污染问题却始终没有得到根本解决。

1. 车内空气污染现状

2004年4月中国首次“汽车内环境污染情况调查”活动启动，调查主要针对2003年1月1日至2004年4月1日购置的轿车和7座以下旅行车。调查的内容包括汽车内空气中的甲醛、苯、甲苯、二甲苯、TVOC（总挥发性有机物）、一氧化碳、二氧化碳、二氧化硫、氮氧化物的污染浓度。依据测试标准参照《室内空气质量标准》（GB/T 18883—2002）进行。调查期间，共有1 175辆汽车接受了检测，涉及市场上91款，38个国内生产厂家和6个国际厂家的产品，其中仅有6.18%的车辆能够符合上述标准，也就是说有超过93%的车辆不能符合国家规定的室内环保标准。其中甲苯、二甲苯、TVOC、苯、甲醛、二氧化碳、一氧化碳最高值分别超出标准值80.2倍、17.34倍、17倍、14.45倍、6.56倍、6.8倍、3.14倍，高达87.6%的被调查新车车内甲醛、苯超标。

2. 车内污染的表现

中国室内环境监测委员会提醒，当司乘人员出现以下8种症状时，应警惕是否发生了车内污染。

（1）眼睛，尤其是角膜、鼻黏膜及喉黏膜有刺激症状；

（2）嘴唇等黏膜干燥；

（3）容易头疼；

（4）容易出现呼吸道感染症状；

（5）经常有胸闷、窒息样的感觉；

（6）经常有眩晕、恶心、呕吐等感觉；

（7）皮肤经常生红斑、荨麻疹、湿疹等，经常产生原因不明的过敏症；

（8）容易疲劳。

3. 车内污染物的来源及其成分

车内污染物的来源有主要有三个方面：

（1）汽车零部件和内饰所含有害物质的释放

主要包括塑料和橡胶部件、油漆涂料、黏合剂等材料中所含的有机溶剂、添加剂等挥发性成分。其产生的污染物主要有苯、甲苯、甲醛等，这些也是车内异味产生的主要原因。

（2）车外污染物进入车内

如果密封不好，外界环境的污染物就容易进入车内造成车内污染。其产生的污染物主要有碳氢化合物、一氧化碳、二氧化硫等。

（3）汽车自身排放的污染物进入车内

排气管、曲轴箱、燃油蒸发等途径排放的污染物以及空调风道内积累的污染物也会对车内空气造成污染。其产生的污染物主要有一氧化碳、氮氧化物、烯烃、芳香烃等。

4．车内污染防治措施

（1）多开窗以保持车内通风

在购买新车后的半年内，应多开窗以保持车内通风，使有害气体尽量挥发。

（2）定期清洗护理车用空调蒸发器

车用空调蒸发器应该定期清洗护理，以防产生的胺、烟碱、细菌等有害物质弥漫在车内狭小的空间里，导致车内空气质量变差，甚至缺氧。

（3）少用香水或除臭剂

尽量少使用香水或者除臭剂，以免造成二次污染。

（4）车载空调设为外循环模式

在夏冬季使用车载空调时，应将空调设为外循环模式，不要长时间使用空调并密闭车窗。

（5）车内清洁消毒

最好每隔半年或者一年做一次彻底的清洁消毒，同时也要经常保持车内环境整洁。

第二节 室内环境检测技术

一、室内环境标准

室内环境包括空气环境、声环境、光环境、电磁环境等，与人体密切相关的是室内空气环境，因此室内环境标准中发布最早、标准数量最多的是室内空气标准。室内环境标准体系框架，主要体现为室内空气标准体系内容。

1．室内空气标准

室内空气标准包括四个方面，即《室内空气质量标准》《民用建筑工程室内环境污染控制规范》、公共场所卫生标准、室内空气质量的“单项标准”。

（1）《室内空气质量标准》（GB/T 18883—2002）

2002年3月1日国家质量监督检验检疫总局、卫生部、国家环境保护总局发布，2003年3月1日起实施。共设19个检测项目，包括物理、化学、生物及放射四大方面的因素，对室内空气中各种污染物的最高允许的浓度限值作出规定。

《室内空气质量标准》是推荐性标准，制定的目的在于保护生活和工作在室内环境中的人群健康，制定室内空气客观评价指标，以满足评价室内环境空气质量的要求。一般用于室内环境质量评价检测。

（2）《民用建筑工程室内环境污染控制规范》（GB 50325—2010，2013年版）

2010年8月18日住房和城乡建设部，国家质量监督检验检疫总局联合发布，2011年6月1日起实施。该标准针对民用建筑工程竣工验收时，对5种室内环境污染物（甲醛、氨、苯、氡、TVOC）的浓度限值作出规定。

《民用建筑工程室内环境污染控制规范》是强制性国家标准，不论愿意与否都必须实施，否则将受到政府有关部门的处罚。制定的目的在于保护生活和工作在室内环境中的人群健康，制定建筑物释放出的有害物质指标，只验证建筑物本身对室内环境的影响。一般用于建筑工程和装修工程完工后应进行的是室内环境质量验收检测。

（3）公共场所卫生标准

对于具体的公共场所（室内环境），根据其具体环境特点及与人体健康相关等因素，分别规定了应检测的室内环境参数，除空气参数外，有的公共场所还包括了噪声、照度。详见表 1-5。

表 1-5 公共场所空气环境参数

序号	标准号	标准名称	环境质量参数
1	GB 9663—1996	旅店业卫生标准	温度、湿度、风速、新风量、噪声、照度、CO_2、CO、甲醛、PM_{10}、细菌总数
2	GB 9664—1996	文化娱乐场所卫生标准	温度、湿度、风速、新风量、噪声、CO_2、CO、甲醛、PM_{10}、细菌总数
3	GB 9665—1996	公共浴室卫生标准	室温、CO_2、CO、照度
4	GB 9666—1996	理发店、美发店卫生标准	CO_2、CO、甲醛、PM_{10}、细菌总数
5	GB 9667—1996	游泳场所卫生标准	室温、湿度、风速、CO_2、细菌总数
6	GB 9668—1996	体育馆卫生标准	温度、湿度、风速、照度、CO_2、甲醛、PM_{10}、细菌总数
7	GB 9669—1996	图书馆、博物馆、美术馆、展览馆卫生标准	温度、湿度、风速、噪声、照度、CO_2、甲醛、PM_{10}、细菌总数
8	GB 9670—1996	商场（店）、书店卫生标准	温度、湿度、风速、噪声、照度、CO_2、CO、甲醛、PM_{10}、细菌总数
9	GB 9671—1996	医院候诊室卫生标准	温度、风速、噪声、照度、CO_2、CO、甲醛、PM_{10}、细菌总数
10	GB 9672—1996	公共交通等候室卫生标准	温度、湿度、风速、噪声、照度、CO_2、CO、甲醛、PM_{10}、细菌总数
11	GB 9673—1996	公共交通工具卫生标准	温度、湿度、风速、噪声、照度、CO_2、CO、甲醛、PM_{10}、细菌总数
12	GB 16153—1996	饭馆（餐厅）卫生标准	温度、湿度、风速、新风量、照度、CO_2、CO、甲醛、PM_{10}、细菌总数

（4）室内空气质量的“单项标准”

1995 年以来，室内环境质量越来越受到人们的关注，特别是一些污染物对人体健康造成严重危害的个案不断出现，因此，由国家质量监督检验检疫总局相继制定和颁发了以单一污染物在环境中控制限量的室内卫生标准（表 1-6），属于室内环境质量标准。

表 1-6 室内环境标准（单项标准）

序号	标准号	标 准 名 称
1	GB/T 16127—1995	居室空气中甲醛的卫生标准
2	GB/T 16146—2015	室内氡及其子体控制要求
3	GBZ 116—2002	地下建筑氡及其子体控制标准

序号	标准号	标 准 名 称
4	GB/T 17093—1997	室内空气中细菌总数卫生标准
5	GB/T 17094—1997	室内空气中二氧化碳卫生标准
6	GB/T 17095—1997	室内空气中可吸入颗粒物卫生标准
7	GB/T 17096—1997	室内空气中氮氧化物卫生标准
8	GB/T 17097—1997	室内空气中二氧化硫卫生标准
9	GB/T 18202—2000	室内空气中臭氧卫生标准

2．室内环境污染控制标准

2002 年 1 月 1 日，国家质量监督检验检疫总局出台了 10 项室内装饰装修材料有害物质限量标准，并于 2008 年、2009 年、2010 年分别对部分标准进行了修订（表 1-7）。每种装饰装修材料依其组成特性，分别确定了具体有害物质的限量值。这 10 项国家标准，是加强对室内装饰装修材料污染的控制而制定的强制性国家标准。

表 1-7　室内装饰装修材料有害物质限量标准

序号	标准号	标准名称
1	GB 18580—2001	室内装饰装修材料　人造板及其制品中甲醛释放限量
2	GB 18581—2009	室内装饰装修材料　溶剂型木器涂料中有害物质限量
3	GB 18582—2008	室内装饰装修材料　内墙涂料中有害物质限量
4	GB 18583—2008	室内装饰装修材料　胶粘剂中有害物质限量
5	GB 18584—2001	室内装饰装修材料　木家具中有害物质限量
6	GB 18585—2001	室内装饰装修材料　壁纸中有害物质限量
7	GB 18586—2001	室内装饰装修材料　聚氯乙烯卷材地板中有害物质限量
8	GB 18587—2001	室内装饰装修材料　地毯、地毯衬垫及地毯胶粘剂有害物质释放限量
9	GB 18588—2001	混凝土外加剂中释放氨的限量
10	GB 6566—2010	建筑材料放射性核素限量

3．其他室内环境标准

室内环境基础标准是指在室内环境标准化工作范围内，对有指导意义的符号、代号、指南、程序、导则及其他通用技术要求等做出的技术规定。它是制定其他环境标准的基础。室内环境基础标准主要包括管理标准、名词术语标准、符号代号以及空气监测技术导则等。

室内环境检测方法标准是指为统一室内环境检测的采样、保存、结果计算和测定方法所作出的技术规定。其标准的构建，主要采用已颁布的“环境空气”的检测方法和“公共场所卫生标准”的检验方法，另一部分是以“附录”的形式同“室内环境标准”一并发布。

室内环境检测的标准分析方法多数是相对标准样品进行定量的方法，即相对分析法。因此室内监测离不开标准物质（样品），目前已有专门用于室内环境检测用的甲醛、氨、苯、甲苯、二甲苯、TVOC、二氧化硫、二氧化氮、一氧化碳、二氧化碳和 TVOC 等标准样品，有标准样品号、标准值及不确定度的“标准物质证书”，可在环境保护部标准样品研究所购买。

室内环境检测仪器标准，主要是为了保证室内环境检测数据的可靠性和可比性，对检测仪器的技术要求所作出的统一规定。目前，室内环境检测用的现场直读的检测仪器的技术要求，多体现在空气质量检测的标准和检测方法的标准中，必须按此技术要求选购检测仪器。

二、室内空气质量监测方案的制订

室内空气质量监测方案包括监测项目的确定、布点、采样、样品的运输与保存、样品分析方法、监测结果评价和检测报告等内容。

1．监测项目

（1）监测项目的确定原则

① 选择室内空气质量标准中要求控制的监测项目。

② 选择室内装饰装修材料有害物质限量标准中要求控制的监测项目。

③ 选择人们日常活动可能产生的污染物。

④ 依据室内装饰装修情况选择可能产生的污染物。

⑤ 所选监测项目应有国家或行业标准分析方法、行业推荐的分析方法。

（2）监测项目的确定

监测项目见表 1-8。确定监测项目时还应考虑以下几点：

① 新装饰、装修过的室内环境应测定甲醛、苯、甲苯、二甲苯、总挥发性有机物（TVOC）等。

② 人群比较密集的室内环境应测菌落总数、新风量及二氧化碳。

③ 使用臭氧消毒、净化设备及复印机等可能产生臭氧的室内环境应测臭氧。

④ 住宅一层、地下室、其他地下设施以及采用花岗岩、彩釉地砖等天然放射性含量较高材料新装修的室内环境都应监测氡（^{222}Rn）。

⑤ 北方冬季施工的建筑物应测定氨。

表 1-8 室内环境空气质量监测项目

应测项目	其他项目
温度、大气压、空气流速、相对湿度、新风量、二氧化硫、二氧化氮、一氧化碳、二氧化碳、氨、臭氧、甲醛、苯、甲苯、二甲苯、总挥发性有机物（TVOC）、苯并[a]芘、可吸入颗粒物、氡（^{222}Rn）、菌落总数等	甲苯二异氰酸酯（TDI）、苯乙烯、丁基羟基甲苯、4-苯基环己烯、2-乙基己醇等

2．布点

（1）布点原则

采样点位的数量根据室内面积大小和现场情况而确定，要能正确反映室内空气污染物的污染程度。原则上小于 50 m^2 的房间应设 1～3 个点；50～100 m^2 设 3～5 个点；100 m^2 以上至少设 5 个点。

（2）布点方式

多点采样时应按对角线或梅花式均匀布点。采样点应避开通风口，离墙壁距离应大于

0.5 m，离门窗距离应大于 1 m。采样点的高度原则上与人的呼吸带高度一致，一般相对高度 0.5～1.5 m。也可根据房间的使用功能，人群的高低以及在房间立、坐或卧时间的长短，来选择采样高度。有特殊要求的可根据具体情况而定。

3. 采样

（1）采样时间及频次

经装修的室内环境，采样应在装修完成 7 d 以后进行。一般建议在使用前采样监测。年平均浓度至少连续或间隔采样 3 个月，日平均浓度至少连续或间隔采样 18 h；1 h 平均浓度至少连续或间隔采样 45 min。

检测应在对外门窗关闭 12 h 后进行。对于采用集中空调的室内环境，空调应正常运转。有特殊要求的可根据现场情况及要求而定。

（2）采样方法

具体采样方法应按各污染物检验方法中规定的方法和操作步骤进行。要求年平均、日平均值的参数，可以先做筛选采样检验。若检验结果符合标准值要求，为达标；若筛选采样检验结果不符合标准值要求，必须按年平均、日平均值的要求，用累积采样检验结果评价。

采样时关闭门窗，一般至少采样 45 min；采用瞬时采样法时，一般采样间隔时间为 10～15 min，每个点位应至少采集 3 次样品，每次的采样量大致相同，其监测结果的平均值作为该点位的小时均值。

（3）采样记录

采样时要使用墨水笔或档案用圆珠笔对现场情况、采样日期、时间、地点、数量、布点方式、大气压力、气温、相对湿度、风速以及采样人员等做出详细现场记录；每个样品上也要贴上标签，标明点位编号、采样日期和时间、测定项目等，字迹应端正、清晰。采样记录随样品一同报到实验室。采样记录格式参见附表 2。

4. 样品的运输与保存

样品由专人运送，按采样记录清点样品，防止错漏，为防止运输中采样管震动破损，装箱时可用泡沫塑料等分隔。样品因物理、化学等因素的影响，使组分和含量可能发生变化，应根据不同项目要求，进行有效处理和防护。储存和运输过程中要避开高温、强光。样品运抵后要与接收人员交接并登记。各样品要标注保质期，样品要在保质期前检测。样品要注明保存期限，超过保存期限的样品，要按照相关规定及时处理。

5. 分析方法

（1）选择分析方法的原则

首先选用评价标准［如《室内空气质量标准》（GB/T 18883—2002）］中指定的分析方法。在没有指定方法时，应选择国家标准分析方法、行业标准方法，也可采用行业推荐方法。在某些项目的监测中，可采用 ISO、美国 EPA 和日本 JIS 方法体系等其他等效分析方法，或由权威的技术机构制定的方法，但应经过验证合格，其检出限、准确度和精密度应能达到质控要求。

（2）监测分析方法

《室内空气质量标准》（GB/T 18883—2002）中要求的各项参数的监测分析方法见表 1-9。

表 1-9 室内空气中各种参数的检验方法

序号	参 数	检 验 方 法	来 源
1	温度	（1）玻璃液体温度计法 （2）数显式温度计法	GB/T 18204.1—2013
2	相对湿度	（1）通风干湿表法 （2）氯化锂湿度计法 （3）电容式数字湿度计法	GB/T 18204.1—2013
3	空气流速	（1）热球式电风速计法 （2）数字式风速表法	GB/T 18204.1—2013
4	新风量	示踪气体法	GB/T 18204.1—2013
5	二氧化硫（SO_2）	（1）甲醛溶液吸收-盐酸副玫瑰苯胺分光光度法 （2）紫外荧光法	（1）GB/T 16128—1995 （2）HJ 482—2009
6	二氧化氮（NO_2）	（1）改进的 Saltzman 法 （2）化学发光法	（1）GB 12372—1990 （2）GB/T 15435—1995
7	一氧化碳（CO）	（1）非分散红外法 （2）不分光红外线气体分析法 （3）气相色谱法 （4）汞置换法 （5）电化学法	（1）GB 9801—1988 （2）GB/T 18204.2—2014
8	二氧化碳（CO_2）	（1）不分光红外线气体分析法 （2）气相色谱法 （3）容量滴定法	GB/T 18204.2—2014
9	氨（NH_3）	（1）靛酚蓝分光光度法 （2）纳氏试剂分光光度法 （3）离子选择电极法 （4）次氯酸钠-水杨酸分光光度法 （5）光离子化法	（1）GB/T 18204.2—2014 （2）HJ 533—2009 （3）GB/T 14669—1993 （4）HJ 534—2009
10	臭氧（O_3）	（1）紫外光度法 （2）靛蓝二磺酸钠分光光度法 （3）化学发光法	（1）HJ 590—2010 （2）GB/T 18204.2—2014 （3）HJ 504—2009
11	甲醛（HCHO）	（1）AHMT 分光光度法 （2）酚试剂分光光度法 （3）气相色谱法 （4）乙酰丙酮分光光度法 （5）电化学传感器法	（1）GB/T 16129—1995 （2）GB/T 18204.2—2014 （3）GB/T 15516—1995
12	苯（C_6H_6）	（1）气相色谱法 （2）光离子化气相色谱法	（1）GB/T 18883—2002 （2）GB 11737—1989
13	甲苯（C_7H_8） 二甲苯（C_8H_{10}）	（1）气相色谱法 （2）光离子化气相色谱法	（1）GB 11737—1989 （2）HJ 583—2010
14	可吸入颗粒物（PM_{10}）	撞击式——称重法	GB/T 17095—1997
15	总挥发性有机物（TVOC）	（1）气相色谱法 （2）光离子化气相色谱法 （3）光离子化总量直接检测法（非仲裁用）	GB/T 18883—2002
16	苯并[*a*]芘（BaP）	高效液相色谱法	GB/T 15439—1995

序号	参　数	检 验 方 法	来　源
17	菌落总数	撞击法	GB/T 18883—2002
18	氡（^{222}Rn）	（1）空气中氡浓度的闪烁瓶测量方法 （2）径迹蚀刻法 （3）双滤膜法 （4）活性炭盒法	（1）GB/T 16147—1995 （2）GB/T 14582—1993

6. 监测结果评价与报告

（1）监测结果的评价

监测结果以平均值表示，化学性、生物性和放射性指标平均值符合标准值要求时，为达标；有一项检验结果未达到标准要求时，为不达标。并应对单个项目是否达标进行评价。

要求年平均、日平均值的参数，可以先做筛选采样检验。若检验结果符合标准值要求，为达标；若筛选采样检验结果不符合标准值要求，必须按日平均值、年平均值的要求，用累积法采样检验结果评价。

（2）监测报告

监测报告应包括以下内容：被监测方或委托方、监测地点、监测项目、监测时间、监测仪器、监测依据、评价依据、监测结果、监测结论及检验人员、报告编写人员、审核人员、审批人员签名等。监测报告应加盖监测机构监（检）测专用章，在报告封面左上角加盖计量认证章，并要加盖骑缝章。报告格式参见附表 1。

三、室内空气样品的采集

（一）采样方法

1. 直接采样法

当室内空气中的被测组分浓度较高，或者监测方法灵敏度高时，从室内空气中直接采集少量气样即可满足监测分析要求。例如，用非分散红外法测定室内空气中的一氧化碳；用紫外荧光法测定空气中的二氧化硫等都用直接采样法。这种方法测得的结果是瞬时浓度或短时间内的平均浓度，能较快地测知结果。常用的采样容器有玻璃注射器、采气袋等。

（1）玻璃注射器采样

玻璃注射器采样简单方便，在实际工作中应用最为广泛。

注射器要选择气密性好的。选择方法如下：将注射器吸入 100 mL 空气，内芯与外筒间滑动自如，用细橡胶管或眼药瓶的小胶帽封好进气口，垂直放置 24 h，剩余空气应不少于 60 mL。

用注射器采样时，注射器内应保持干燥，以减少样品储存过程中的损失。采样时，用现场空气抽洗 3 次后，再抽取一定体积现场空气样品。样品运送和保存时要垂直放置，且应在 12 h 内进行分析。

（2）采气袋采样

采气袋适用于采集化学性质稳定、不与采样袋起化学反应的气态污染物，如一氧化碳。

采样时，袋内应该保持干燥，且现场空气充、放 3 次后再正式采样。取样后将进气口密封，袋内空气样品的压力以略呈正压为宜。用带金属衬里的采样袋可以延长样品的保存时间，如聚氯乙烯袋对一氧化碳可保存 10～15 h，而铝膜衬里的聚酯袋可保存 100 h。

2．浓缩采样法

室内空气中的污染物质浓度较低时，直接采样法往往不能满足分析方法检测限的要求，需要用富集采样法对大气中的污染物进行浓缩采样，即在现场使大量的空气样品通过液体或固体吸附剂，使之得到富集，以便分析测定。浓缩采样时间一般比较长，测得结果代表采样时段的平均浓度，更能反映室内空气质量。根据浓缩机理的不同，浓缩采样法分为溶液吸收法、固体吸附法、滤膜过滤法等几种。

（1）溶液吸收法

该方法是采集室内空气中气态及某些气溶胶态污染物质的常用方法。采样时，用抽气装置将室内空气以一定流量抽入装有吸收液的吸收管采集一段时间。采样结束后，倒出吸收液进行测定，根据测得结果及采样体积计算大气中污染物的浓度。

常用的吸收管有气泡吸收管和多孔玻板吸收管（图 1-1）。

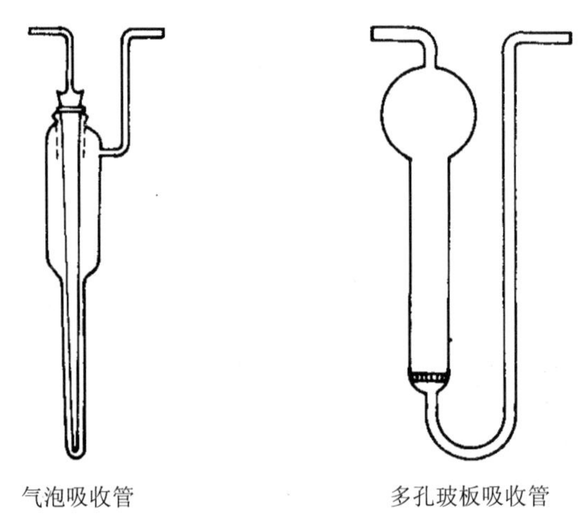

图 1-1 吸收管

① 气泡吸收管

气泡吸收管适用于采集气态污染物。采样时，吸收管要垂直放置，不能有泡沫溢出。使用前应检查吸收管玻璃磨口的气密性，保证严密不漏气。

② 多孔玻板吸收管

适用于采集气态或气态与气溶胶共存的污染物。

使用前应检查玻璃砂芯的质量，方法如下：将吸收管装 5 mL 水，以 0.5 L/min 的流量抽气，气泡路径（泡沫高度）为（50±5）mm，阻力为（4.666±0.666 6）kPa，气泡均匀，无特大气泡。

采样时，吸收管要垂直放置，不能有泡沫溢出。使用后，必须用水抽气即筒抽水洗涤砂芯板，单纯用水不能冲洗砂芯板内残留的污染物。一般要用蒸馏水而不用自来水冲洗。

（2）固体吸附法

固体吸附法适用于采集室内空气中的有机污染物。常采用内径 3.5～4.0 mm，长 80～180 mm 玻璃吸附管，或内径 5 mm、长 90 mm（或 180 mm）内壁抛光的不锈钢管。内装 20～60 目的硅胶或活性炭、GDX 担体、Tenax、Porapak 等固体吸附剂颗粒，管的两端用玻璃纤维或不锈钢网堵住。

固体吸附剂用量视污染物种类而定。吸附剂的粒度应均匀，在装管前应进行烘干等预处理，以去除其所带的污染物。采样后将两端密封，带回实验室进行分析。样品解吸可以采用溶剂洗脱，使成为液态样品。也可以采用加热解吸，用惰性气体吹出气态样品进行分析。采样前必须经实验确定最大采样体积和样品的处理条件。

（3）滤膜过滤法

该方法适用于采集挥发性低的气溶胶，如可吸入颗粒物。将滤膜放在颗粒物采样夹上（见图 1-2），用抽气装置抽气则空气中的颗粒物被阻留在滤膜上，称量滤膜上富集的颗粒物质量，根据采样体积，即可计算出空气中颗粒物的浓度。

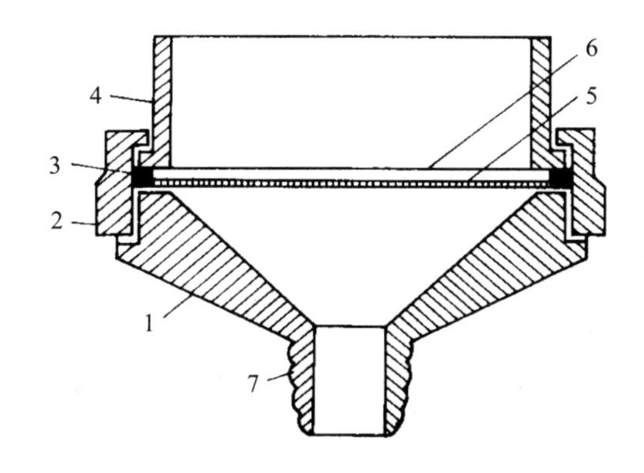

1—底座；2—紧固圈；3—密封圈；4—接座圈；5—支撑网；6—滤膜；7—抽气接口

图 1-2　颗粒物采样夹

常用的滤膜有玻璃纤维滤膜、聚氯乙烯纤维滤膜、微孔滤膜等。

玻璃纤维滤膜吸湿性小、耐高温、阻力小。但是其机械强度差。除做可吸入颗粒物的质量法分析外，样品可以用酸或有机溶剂提取，适于作不受滤膜组分及所含杂质影响的元素分析及有机污染物分析。

聚氯乙烯纤维滤膜吸湿性小、阻力小、有静电现象、采样效率高、不亲水、能溶于乙酸丁酯，适用于重量法分析，消解后可作元素分析。

微孔滤膜是由醋酸纤维素或醋酸-硝酸混合纤维素制成的多孔性有机薄膜，用于空气采样的孔径有 0.3 μm、0.45 μm、0.8 μm 等几种。微孔滤膜阻力大，且随孔径减小而显著增加，吸湿性强、有静电现象、机械强度好，可溶于丙酮等有机溶剂。不适于作重量法分析，消解后适于作元素分析；经丙酮蒸气使之透明后，可直接在显微镜下观察颗粒形态。

滤膜使用前应该在灯光下检查有无针孔、褶皱等可能影响过滤效率的因素。

（二）采样仪器

室内空气采样仪器主要由收集器、流量计和采样动力三部分组成，如图 1-3 所示。

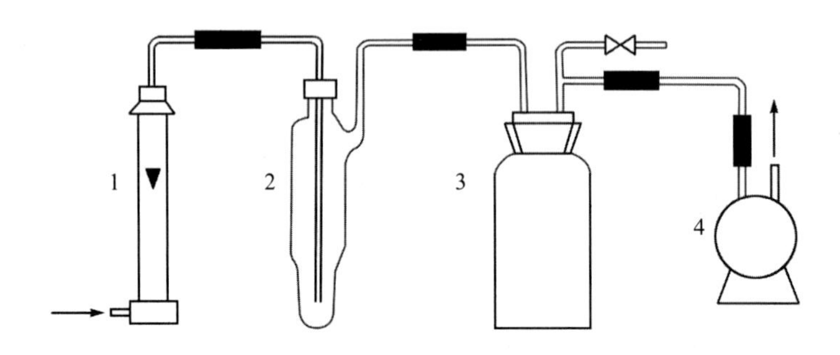

1—流量计；2—收集器；3—缓冲瓶；4—抽气泵

图 1-3　采样器组成

1．收集器

收集器是捕集室内空气中欲测物质的装置，如前面介绍的吸收管、吸附管、滤膜等。

2．流量计

流量用于计算室内空气采样体积。常用的流量计是转子流量计（图 1-4）。

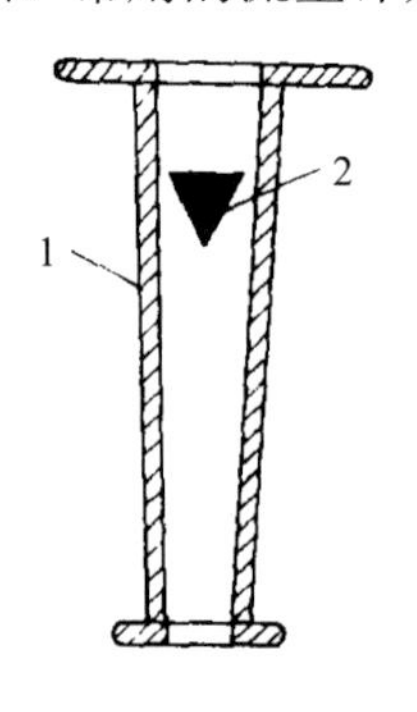

1—锥形玻璃管；2—转子

图 1-4　转子流量计

转子流量计由一个上粗下细的锥形玻璃管和一个金属制转子组成。当气体由玻璃管下端进入时，由于转子下端的环形孔隙截面积大于转子上端的环形孔隙截面积，所以转子下端气体的流速小于上端的流速，下端的压力大于上端的压力，使转子上升，直到上、下两端压力差与转子的重量相等时，转子停止不动。气体流量越大，转子升得越高，可直接从转子上沿位置读出流量。当空气湿度大时，需在进气口前连接一个干燥管，否则，转子吸附水分后重量增加，影响测量结果。

流量计在使用前应进行校准，以保证刻度值的准确性。校正方法是将皂膜流量计或标准流量计串接在采样系统中，以皂膜流量计或标准流量计的读数标定被校流量计。

3．采样动力

常用的有电磁泵、真空泵等。

电磁泵是一种将电磁能量直接转换成被输送流体能量的小型抽气泵，由于电磁力的作用，振动杆带动橡皮泵室做往复振动，不断地开启和关闭泵室内的膜瓣，使泵室内造成一定的真空或压力，从而达到抽吸和压送气体的作用。电磁泵的工作动力不用电机，克服了电机电刷易磨损、发热等缺点，可长时间运转，其采气流量为 0.5～1.0 L/min，可装配在抽气阻力不大的采样器和某些自动监测仪器上。

真空泵和刮板泵抽气速度较大，可作为采集大气中颗粒物的动力。

四、采样体积的计算与空气污染物浓度表示方法

室内空气污染物质量浓度以单位体积空气样品中所含污染物的质量数来表示，常用单位有 mg/m^3 和 $\mu g/m^3$。

在计算质量浓度时应按以下公式将现场采样体积换算成标准状态下的体积：

$$V_0 = V_t \cdot \frac{273}{273+t} \cdot \frac{P}{101.3}$$

式中，V_0——换算成标准状态下的采样体积，L；

V_t——现场采样体积，L；

t——采样时采样点现场的气温，℃；

P——采样时采样点的大气压力，kPa。

例题：测定某居室室内空气中的甲醛时，用装有 5.0 mL 吸收液的多孔玻板吸收管采样，采样流量为 0.5 L/min，采样时间为 1 h，采样后用分光光度法测定出全部吸收液中含 3.0 μg 甲醛。已知采样点的温度为 23℃，大气压力为 100.5 kPa，求气样中甲醛的质量浓度。

解：① 计算标准状态下的采样体积 V_0

$$\begin{aligned} V_0 &= V_t \cdot \frac{273}{273+t} \cdot \frac{P}{101.3} \\ &= Q \cdot t \cdot \frac{273}{273+t} \cdot \frac{P}{101.3} \\ &= 0.5 \times 60 \times \frac{273}{273+23} \times \frac{100.5}{101.3} \\ &= 27.4(\text{L}) \end{aligned}$$

② 计算气样中甲醛的质量浓度

$$\rho = \frac{x}{V_0} = \frac{3.0}{27.4} = 0.11(\text{mg}/\text{m}^3)$$

答：气样中甲醛的质量浓度为 0.11 mg/m^3。

第二章　监测分析基础知识

第一节　环境监测分析实验室基本知识

一、监测分析实验室用水及其检验

水是最常用的溶剂，配制试剂、标准物质、洗涤均需大量使用。它对环境监测分析质量有着广泛和根本的影响。

分析化学实验室用于溶解、稀释和配制溶液的水，都必须先经过净化。分析要求不同，对水质纯度的要求也不同。故应该根据不同的要求，采用不同的净化方法制取纯水。分析化学实验室用的纯水一般有蒸馏水，二次蒸馏水，去离子水，特殊用途的水如无二氧化碳蒸馏水、无氨蒸馏水等。

（一）分析化学实验室用水的规格

根据《分析实验室用水规格和试验方法》（GB/T 6682—2008）的规定，分析化学实验室用水分为三个级别：一级水、二级水和三级水。

一级水用于有严格要求的分析实验，包括对颗粒有要求的实验，如高效液相色谱用水。一级水可用二级水经过石英设备蒸馏或离子交换混合床处理后，再经 0.2 nm 微孔滤膜过滤来制取。

二级水用于无机痕量分析等实验，如原子吸收光谱用水。二级水可用多次蒸馏或离子交换等方法制得。

三级水用于一般的化学分析实验。三级水可用蒸馏或离子交换的方法制得。

实验室使用的蒸馏水，为保持纯净，蒸馏水瓶要随时加塞，专用虹吸管内外应保持干净。蒸馏水附近不要放浓 HCl 等易挥发的试剂，以防污染。通常用洗瓶取蒸馏水。用洗瓶取水时，不要取出其塞子和玻管，也不要把蒸馏水瓶上的虹吸管插入洗瓶内。

通常，普通蒸馏水保存在玻璃容器中，去离子水保存在乙烯塑料容器内，用于痕量分析的高纯水，如二次亚沸石英蒸馏水，则需要保存在石英或聚乙烯塑料容器中。

（二）各种纯水的制备

1. 蒸馏水

将自来水在蒸发装置上加热气化，然后将蒸汽冷凝得到蒸馏水。由于杂质离子一般不挥发，所以蒸馏水中所含杂质比自来水少得多，比较纯净，可达到三级水的标准，但还是有少量的金属离子、二氧化碳等杂质。

2. 二次亚沸石英蒸馏水

为了获得比较纯净的蒸馏水，可以进行重蒸馏，并在准备重蒸馏的蒸馏水中加入适当的试剂以抑制某些杂质的挥发。如加入碱性高锰酸钾可破坏有机物并防止二氧化碳蒸出。二次蒸馏水一般可达到二级标准。第二次蒸馏通常采用石英亚沸蒸馏器，其特点是在液面上方加热，使液面始终处于亚沸状态，可使水蒸气带出的杂质减至最低。

3. 去离子水

去离子水是使自来水或普通蒸馏水通过离子交换树脂柱后所得到的水。制备时，一般将水一次通过阳离子交换树脂柱、阴离子交换树脂柱和阴阳离子交换树脂柱。这样得到的水纯度高，质量可达到二级或一级水指标。但对非电解质及胶体物质无效，同时会有微量的有机物从树脂溶出，因此，根据需要可将去离子水进行重蒸馏以得到高纯水。

（三）分析化学实验室用水的检验

分析化学实验室用水检验时，取样应有代表性，取样体积不少于 3 L。取样前应用待测水反复冲洗容器，取样时要避免玷污，水样应注满容器。通常，三级水就可以满足一般化学分析实验的用水要求，因此，将三级水的检验方法介绍如下。

1. pH 范围

量取 100 mL 水样，用 pH 计测定 pH。

2. 电导率

水的电导率是水质纯度的一个重要指标。用电导率仪来测定水的电导率是水质分析和监测的最佳方法之一。温度是影响电导率大小的重要因素，所以电导率的测定对待测水的温度有一定的要求。通常，电导率仪应有温度补偿功能。若电导率仪不具有温度补偿功能，应安装恒温浴槽或记录水的温度进行换算。三级水的测定，配备电极常数为 $0.1 \sim 1\ cm^{-1}$ 的电导池。

3. 可氧化物质

量取 200 mL 三级水，置于烧杯中，加入 1.0 mL（ρ=200 g/L）硫酸，混匀。加入 1.00 mL 高锰酸钾标准滴定溶液[$c(\frac{1}{5}KMnO_4)$= 0.01 mol/L]，混匀，盖上表面皿，加热至沸，并保持溶液的粉红色 5 min 不完全消失。

4. 蒸发残渣

量取 500 mL 三级水，分几次加入到旋转蒸发器的 500 mL 蒸馏瓶中，于水浴上减压蒸发至剩约 50 mL 时，转移至一个已经于（105±2）℃质量恒定的玻璃蒸发皿中，用 5～10 mL 水样分 2～3 次冲洗蒸馏瓶，洗液合并至蒸发皿，于水浴上蒸干，并在（105±2）℃的电烘箱中干燥至质量恒定。残渣质量不得大于 1.0 mg。

水的标准检验方法严格，但很费时，一般生产企业检验用水可以仅测定电导率来判定水的质量，或用化学方法检验水中的阳离子、氯离子，同时用指示剂法测 pH，也可以大致判定纯水是否合格。

二、化学试剂与各种标准物质

（一）化学试剂

1．化学试剂的分类

化学试剂按其用途可分为一般试剂、标准试剂、高纯试剂、专用试剂、指示剂和试纸、有机合成试剂、生化试剂、临床试剂等。下面简单介绍其中几种。

（1）一般试剂

一般试剂是实验室最普遍使用的试剂，按其杂质含量的多少可分为四个等级。一般试剂的级别、规格、标志以及适用范围见表 2-1。

表 2-1 化学试剂的种类及用途

级别	一	二	三	四
名称	优级纯（保证试剂）	分析纯（分析试剂）	化学纯	实验试剂
英文名称	Guaranteed Reagent	Analytical Reagent	Chemically Pure	Laboratorial Reagent
英文缩写	G.R.	A.R.	C.P.	L.R.
标签颜色	深绿色	金光红色	中蓝色	棕色或黄色
适用范围	精密分析和科学研究	一般分析和科学研究	一般定性和化学制备	一般化学制备

（2）标准试剂

标准试剂是衡量其他（欲测）物质化学量的标准物质，也可称为基准试剂。其特点是主体含量高且准确可靠。标准试剂一般由大型试剂厂生产，并严格按照国家标准检验。

（3）高纯试剂

高纯试剂的主体含量与优级纯试剂相当，但杂质含量比优级纯和标准试剂都低，而且规定检测的杂质项目比同种优级纯或标准试剂多 1～2 倍。高纯试剂主要用于微量或痕量分析中试样的分解及试液的制备。

（4）专用试剂

专用试剂即具有专门用途的试剂。与高纯试剂相似，专用试剂主体含量高且杂质含量低；与高纯试剂不同的是，在特定用途中有干扰的杂质成分只需控制在不致产生明显干扰的限度以下，各类仪器分析中所用试剂如色谱分析标准试剂、气相色谱载体及固定液、液相色谱填料、薄层分析试剂、紫外及红外光谱纯试剂、核磁共振波谱分析用试剂等均是专用试剂。

2．化学试剂的包装和储存

（1）化学试剂的包装

固体试剂一般装在带胶木塞的广口瓶中，液体试剂则盛在细口瓶中（或滴瓶中），见光易分解的试剂（如硝酸银）应装在棕色瓶中，每一种试剂都贴有标签以表明试剂的名称、浓度、纯度。实验室分装时，固体只标明试剂名称，液体还须注明浓度。

（2）化学试剂的储存

化学试剂大多数具有一定的毒性及危险性。对化学试剂加强管理，不仅是保证分析结果质量的需要，也是确保人民生命财产安全的需要。化学试剂的储存应根据试剂的毒性、易燃性、腐蚀性和潮解性等不同的特点，以不同的方式妥善保存。

易燃易爆试剂应储存于铁柜中，柜的顶部要有通风口。严禁在实验室内存放大于 20 L 的瓶装易燃液体。易燃易爆物质不能放在冰箱内。实验室内只宜存放少量短期内需用的药品，较大量的化学品应放在样品储藏室内，由专人保管。危险品应按照国家安全部门的管理规定储存。

（二）标准物质

1. 标准物质的定义

标准物质（Reference material）是具有一种或多种确定的特性值，用以校准仪器设备、评价测量方法或标定溶液浓度的物质。标准物质可以是纯的或混合的气体、液体或固体，如化学分析校准用的溶液。

标准物质的基本要求是具有稳定性，是指标准物质在规定的时间和环境条件下，其特性量值保持在规定范围内的能力；均匀性，是指标准物质的一种或几种特性在物质各部分之间具有相同的量值；准确性，是指标准物质具有准确计量或严格定义的标准值。

为了满足各种分析检验的需要，我国已经生产了很多属于标准物质的标准试剂，主要国产标准试剂的种类及用途见表 2-2。

表 2-2　主要国产标准试剂的种类及用途

类　别	主 要 用 途
滴定分析第一基准试剂	滴定分析工作基准试剂的定值
滴定分析工作基准试剂	滴定分析标准溶液的定值
滴定分析标准溶液	滴定分析法测定物质的含量
杂质分析标准溶液	仪器及化学分析中作为微量杂质分析的标准
一级 pH 基准试剂	pH 基准试剂的定值的高精密度 pH 计的标准
pH 基准试剂	pH 计的标准（定位）
气相色谱分析标准	气相色谱法进行定性和定量分析的标准
热值分析试剂	热值分析仪的标定
有机元素分析标准	有机物的元素分析
临床分析标准溶液	临床化验
农药分析标准	农业分析

2. 标准物质的应用

标准物质实用性强，可在实际工作条件下应用，既可用于校准检定测量仪器，评价测量方法的准确度，也可用于测量过程的质量评价以及实验室的计量认证与测量仲裁等。

三、溶液的配制方法

（一）标准溶液的配制方法

在分析化学实验中，标准溶液常用 mol/L 表示其物质的量浓度。标准溶液的配制方法主要分直接法和间接法两种。

1. 直接法

用分析天平准确称取一定量基准物质，溶解后配成一定体积（溶液的体积需用容量瓶精确确定）的溶液，根据物质的质量和溶液体积，即可计算出该标准溶液的准确物质的量浓度。

在直接法中必须要用基准物质配制标准溶液，作为基准物质必须符合以下要求：

（1）组成与化学式相符；若含结晶水，如 $H_2C_2O_4·2H_2O$ 等，其结晶水的含量也应与化学式相符。

（2）试剂应稳定、纯净，要使用分析纯以上的试剂。

（3）基准物质参加反应时，应按反应式定量进行。

（4）基准物质最好有较大的摩尔质量，这样，配制一定浓度的标准溶液时，称取基准物较多，称量相对误差较小。

常用的基准物质有草酸、氯化钠、无水碳酸钠、重铬酸钾等。例如，需配制 500 mL 物质的量浓度为 0.010 00 mol/L $K_2Cr_2O_7$ 溶液时，应在分析天平上准确称取基准物质 $K_2Cr_2O_7$ 1.470 9 g，加少量水使之溶解，定量转入 500 mL 容量瓶中，加水稀释至刻度。

实验中有时也用稀释方法，将浓的标准溶液稀释为稀的标准溶液。具体做法为：准确量取（通过移液管或滴定管）一定体积的浓溶液，放入适当的容量瓶中，用去离子水稀释到刻度，即得到所需的标准溶液。例如，光度分析中需用 $1.79×10^{-3}$ mol/L 标准铁溶液。计算得知须准确称取 10 mg 纯金属铁，但在一般分析天平上无法准确称量，因其量太小、称量误差大。因此常常采用先配制贮备标准溶液，然后再稀释至所要求的标准溶液浓度的方法。可在分析天平上准确称取高纯(99.99%)金属铁 1.000 0 g，然后在小烧杯中加入约 30 mL 浓盐酸使之溶解，定量转入 1 L 容量瓶中，用 1 mol/L 盐酸稀释至刻度。此标准溶液含铁 $1.79×10^{-2}$ mol/L。移取此标准溶液 10.00 mL 于 100 mL 容量瓶中，用 1 mol/L 盐酸稀释至刻度，摇匀，此标准溶液含铁 $1.79×10^{-3}$ mol/L。由贮备液配制成操作溶液时，原则上只稀释一次，必要时可稀释两次。稀释次数太多累积误差太大，影响分析结果的准确度。

2. 标定法

有很多物质（如 NaOH，HCl 等）不是基准物质，不能用来直接配制标准溶液，可按照一般溶液的配制方法配成大致所需浓度的溶液，然后再用另一种标准溶液测出它的准确浓度，这个过程叫作标定，这种配制标准溶液的方法叫作标定法。标定标准溶液时，平行实验不得少于 8 次，两人各做 4 次平行测定，检测结果按规定的方法进行数据的取舍后取平均值，浓度值取 4 位有效数字。

做滴定剂用的酸碱溶液，一般先配制成约 0.1 mol/L 物质的量浓度。由原装的固体酸碱配制溶液时，一般只要求准确到 1～2 位有效数字，故可用量筒量取液体或在台秤上称取固体试剂，加入的溶剂（如水）用量筒或量杯量取即可。但是在标定溶液的整个过程中，一切操作要求严格、准确。称量基准物质要求使用分析天平，称准至小数点后 4 位有效数字。所要标定溶液的体积，如要参加浓度计算的均要用容量瓶、移液管、滴定管准确操作，不能马虎。

（二）一般溶液的配制及保存方法

配制溶液时，应根据对溶液浓度的准确度的要求，确定在哪一级天平上称量；记录时应记准至几位有效数字；配制好的溶液选择什么样的容器等。该准确时就应该很严格；允许误差大些的就可以不那么严格。这些“量”的概念要很明确，否则就会导致错误。如配制 0.1 mol/L $Na_2S_2O_3$ 溶液需在台秤上称 25 g 固体试剂，如在分析天平上称取试剂，反而是不必要的。

配制及保存溶液时可遵循下列原则：

（1）经常并大量用的溶液，可先配制浓度约大 10 倍的贮备液，使用时取贮备液稀释 10 倍即可。

（2）易侵蚀或腐蚀玻璃的溶液，不能盛放在玻璃瓶内，如含氟的盐类（如 NaF、NH_4F、NH_4HF_2）、苛性碱等应保存在聚乙烯塑料瓶中。

（3）易挥发、易分解的试剂及溶液，如 I_2、$KMnO_4$、H_2O_2、$AgNO_3$、$H_2C_2O_4$、$Na_2S_2O_3$、$TiCl_3$、氨水、溴水、CCl_4、$CHCl_3$、丙酮、乙醚、乙醇等溶液及有机溶剂等均应存放在棕色瓶中，密封好放在暗处或阴凉地方，避免光的照射。

（4）配制溶液时，要合理选择试剂的级别，不许超规格使用试剂，以免造成浪费。

（5）配好的溶液盛装在试剂瓶中，应贴好标签，注明溶液的浓度、名称以及配制日期。

四、玻璃量器的使用与校正

环境监测分析常用的玻璃量器有容量瓶、滴定管、移液管，这些量器的精度一般可达到 0.01 mL。

（一）玻璃量器的使用

1. 容量瓶

容量瓶主要是用来精确地配制一定体积和浓度的溶液的量器，一般有 50 mL、100 mL、250 mL、500 mL、1 000 mL 等规格。当用浓溶液（尤其是浓硫酸）配制稀溶液时，应先在烧杯中加入少量去离子水，将一定体积的浓溶液沿玻璃棒分数次慢慢地注入水中，每次加入浓溶液后，应搅拌使之均匀。如果是用固体溶质配制溶液，则应先将固体溶质放入烧杯中，用少量去离子水溶解，然后将烧杯中的溶液沿玻璃棒小心地注入容量瓶中，再从洗瓶中挤出少量水淋洗烧杯及玻璃棒 2～3 次，并将每次淋洗的水都注入容量瓶中，最后，加水到标线处。但需注意，当液面将接近标线时，应使用滴管小心地逐滴将水加到标线处，观察时视线、液面弯月面与标线应在同一水平面上。塞紧瓶塞，用手指压紧瓶塞（以免脱落），将容量瓶倒转数次，并在倒转时加以摇荡，以保证瓶内溶液浓度上下各部分均匀。瓶塞是磨口的，不能张冠李戴，一般可用橡皮圈将瓶塞系在瓶颈上。

2. 滴定管

滴定管主要是滴定时用来精确量度液体的量器，刻度由上而下数值增大，与量筒刻度相反。常用滴定管的测量容量为 50 mL，每一小刻度相当于 0.1 mL，而读数可估计到 0.01 mL。滴定管分为两种——酸式滴定管和碱式滴定管，其下端的阀门不同：酸式滴定管的阀门为一玻璃活塞，碱式滴定管的阀门是装在乳胶管中的玻璃小球。操作酸式滴定管时，旋转玻璃活塞（切勿将活塞横向移动，导致活塞松开或脱出，使液体从活塞筒漏失），可使液体沿活塞当中的小孔流出；操作碱式滴定管时，用大拇指与食指稍微捏挤玻璃小球旁侧的乳胶管，使之形成一隙缝，液体即可从隙缝流出。若要量度 $KMnO_4$、I_2、$AgNO_3$ 等溶液，可使用酸式滴定管；若要量度对玻璃有侵蚀作用的液体（如碱液），只能使用碱式滴定管。

使用酸式滴定管，玻璃活塞需涂有一薄层润滑脂（一般可用凡士林代替）。润滑脂的涂法如下：先将活塞取下，将活塞筒及活塞洗净并用滤纸将水吸干，然后在活塞筒小口一端的内壁及活塞大头一端的表面分别涂一层很薄的润滑脂（活塞筒及活塞的中间小孔处不得沾有润滑脂）。再小心地将活塞塞好，旋转活塞，使润滑脂均匀地分布在磨口面上。最后检查一下是否漏水。

滴定管在装入滴定溶液前，除了需用洗涤液、自来水及去离子水依次洗涤洁净外，还须用少量滴定溶液（每次约 10 mL）洗涤 2～3 次，以免滴定溶液被管内残留的水所稀释。洗涤滴定管时，应将滴定管平持（上端略向上倾斜）并不断转动，使洗涤的水或溶液与内壁的每一部分充分接触，然后用右手将滴定管持直，左手开放阀门，使洗涤的水或溶液通过阀门下面的一段玻璃管流出（起洗涤作用）。在洗涤酸式滴定管时，需要注意用手托住活塞筒部分或用橡皮圈系住活塞，以防止活塞脱落而打碎。

滴定管装好溶液后必须把滴定管阀门下端的气泡逐出，以免造成误差。逐去气泡的方法如下：迅速打开滴定管阀门，利用溶液的急流把气泡逐去。对于碱式滴定管，也可把乳胶管稍折向上，然后稍微捏挤玻璃小球旁侧的乳胶管，气泡即被管中的溶液压出。

滴定管应保持垂直。滴定前后均需记录读数，终读数与初读数之差就是溶液的用量。初读数应调节在刻度刚为“0.00”。读数时最好在滴定管的后面衬一张白纸片，视线必须与液面在同一水平面上，观察溶液弯月面底部所在的位置，仔细读到小数点后两位数字。视线不平或者没有估计到小数点后第二位数字，都会影响测定的精密度。

滴定开始前，先把悬挂在滴定管尖端外的液滴除去。滴定时用左手控制阀门，右手持锥形瓶（瓶口应接近滴定管尖端，不要过高或过低），并不断转动手腕，以摇动锥形瓶，使溶液均匀混合。

快到滴定终点时（这时每滴入一滴溶液，指示剂转变的颜色复原较慢），滴定速度要控制得很慢，最后要一滴一滴地滴入，防止过量，并且要用洗瓶挤少量水淋洗锥形瓶壁，以免有残留的液滴未起反应。

为了便于判断终点时指示剂颜色的变化，可把锥形瓶放在白瓷板或白纸上观察。最后，必须待滴定管内液面完全稳定后，方可读数（在滴定刚完毕时，常有少量沾在管壁上的溶液仍在继续下流）。

3. 移液管

用移液管量取液体时，应把移液管的尖端部分深深地插入液体中，用洗耳球将液体慢慢吸入管中，待溶液上升到标线以上约 2 cm 处，立即用食指（不要用大拇指）按住管口。将移液管持直并移出液面，微微松动食指，或用大拇指和中指轻轻转动移液管，使管内液体的弯月面慢慢下降到标线处（注意：视线液面与标线均应在同一水平面上），立即压紧管口。若管尖外挂有液滴，可使管尖与容器壁接触使液滴流下。再把移液管移入另一容器，如锥形瓶中，并使管尖与容器内壁接触，然后放开食指，让液体自由流出。待管内液体不再流出后，稍停片刻（十几秒），转动移液管，再把移液管拿开。此时残留在移液管内的液滴一般不必吹出，因移液管的容量只计算自由流出液体的体积，刻制标线时已把滞留在管内的液滴体积扣除了。但是，如果移液管上标有“吹”字，则最后残留在管内的液滴必须吹出。

移液管在使用前的洗涤方法与滴定管的洗涤方法相仿，除分别用洗涤液、自来水及去离子水洗涤外，还需要用少量待量取的液体洗涤，可先慢慢地吸入少量洗涤的水或液体至移液管中，用食指按住管口，然后将移液管平持，松开食指，转动移液管，使洗涤的水或液体与管口以下的内壁充分接触。再将移液管持直，让洗涤水或液体流出，如此反复洗涤数次。

此外，为了精确地量取少量的不同体积（如 1.00 mL、2.00 mL、5.00 mL 等）的液体，也常用标有精细刻度的吸量管。吸量管的使用方法与移液管相仿，但它是根据吸量管的刻度之差计算并放出所需体积的液体。

（二）玻璃量器的校正

容量玻璃仪器的容积并不经常与它所标出的大小完全符合，由于玻璃具有热胀冷缩的性质，不同温度下，其容积是不同的。因此，对于准确度要求较高的分析，必须对量器进行校正，容量器皿的校准方法通常有称量法和相对校准法两种。

1. 称量法

称量法是指在校准室内温度波动小于 1℃/h，所用器皿和水都处于同一室时，用分析天平称出容量器皿所量入或量出的纯水的质量，然后根据该温度下水的密度，将水的质量换算为容积。

由于水的密度和玻璃容器的体积随温度的变化而改变以及在空气中称量受到空气浮力的影响，因此将任一温度下水的质量换算成容积时必须对下列三点加以校正：校准温度下水的密度；校准温度下玻璃的热膨胀；空气浮力对所用称物的影响。

为了便于计算，将此三项校正值合并而得一总校正值（表 2-3），表中的数字表示在不同温度下，用水充满 20℃时容积为 1 L 的玻璃容器，在空气中用黄铜砝码称取的水的质量。校正后的容积是指 20℃时该容器的真实容积。应用该表来校正容量仪器是十分方便的。

表 2-3　不同温度下用水充满 20℃时容积为 1 L 的玻璃容器，于空气中以黄铜砝码称取的水的质量

温度/℃	质量/g	温度/℃	质量/g	温度/℃	质量/g	温度/℃	质量/g
0	998.24	9	998.44	18	997.51	27	995.69
1	998.32	10	998.39	19	997.34	28	995.44
2	998.39	11	998.32	20	997.18	29	995.18
3	998.44	12	998.23	21	997.00	30	994.91
4	998.48	13	998.14	22	996.80	31	994.64
5	998.50	14	998.04	23	996.60	32	994.34
6	998.51	15	997.93	24	996.38	33	994.06
7	998.50	16	997.80	25	996.17	34	993.75
8	998.48	17	997.66	26	995.93	35	993.44

（1）滴定管的校正

将滴定管洗净至内壁不挂水珠，加入纯水，去除活塞下的气泡，取一磨口塞锥形瓶，擦干瓶外壁、瓶口及瓶塞，在分析天平上称重。将滴定管的水面调节到正好在“0.00”刻度处。按滴定时常用的速度（3 滴/s）将一定体积的水放入已称重的具塞锥形瓶中，注意勿将水沾在瓶口上。在分析天平上称量盛水的锥形瓶重，读出水重，并计算真实体积，倒掉锥形瓶中的水，擦干瓶外壁、瓶口和瓶塞称量瓶重。滴定管重新充水至 0.00 刻度，再放另一体积的水至锥形瓶中，称量盛水的瓶重，算出此段水的实际体积。如上法继续检定 0 至最大刻度的体积，算出真实体积。

重复检定一次，两次检定所得同一刻度的体积相差不应大于 0.01 mL，算出各个体积处的校正值（两次平均），以读数为横坐标，校正值为纵坐标，作校正值曲线，以备使用滴定管时查取。

一般 50 mL 滴定管每隔 10 mL 测一个校正值，25 mL 滴定管每隔 5 mL 测一个校正值，3 mL 微量滴定管每隔 0.5 mL 测一个校正值。

计算方法举例：在 19℃时由滴定管放出 0.00～30.00 mL 水的质量为 29.929 0 g，查表得 19℃时水的密度为 997.34 g/L，滴定管的真实体积（20℃时）应为

$$\frac{29.929\,0}{997.34}\times 1\,000 = 30.01\text{（mL）}$$

$$\text{校正值} = 30.01 - 30.00 = 0.01\text{（mL）}$$

（2）容量瓶的校正

将洗涤合格，并倒置沥干的容量瓶放在分析天平上称量。取蒸馏水充入已称重的容量瓶中至刻度，称量并测水温（准确至 0.5℃）。根据该温度下的密度，计算真实体积。

（3）移液管的校正

将移液管洗净至内壁不挂水珠，取具塞锥形瓶，擦干外壁、瓶口及瓶塞，称重。按移液管使用方法量取已测温的纯水，放入已称重的锥形瓶中，在分析天平上称量盛水的锥形瓶，计算在该温度下的真实容积。

2. 相对校准法

用一个已校准的玻璃容器间接地校准另一个玻璃容器，称为相对校准法。在滴定分析中，要求确知两种量器之间的比例关系时，可用此法，最为常用的是用校准过的移液管来校准容量瓶的容积，其方法如下：用洗净的 25 mL 移液管吸取蒸馏水，放入洗净沥干的 100 mL 容量瓶内，平行移取 4 次，观察容量瓶中水的弯月面下缘是否与刻度线相切，若不相切，记下弯月面下缘的位置，再重复实验一次。连续两次实验相符后，用一平直的窄纸条贴在与水弯月面下缘相切之处，并在纸条上刷蜡或贴一块透明胶布以保护此标记。以后使用的容量瓶与移液管即可按所标记配套使用。表 2-4 列出了常用玻璃量器允差。

五、分析天平的称量

分析天平是定量分析工作中不可缺少的重要仪器，充分了解仪器性能及熟练掌握其使用方法，是获得可靠分析结果的保证。分析天平的种类很多，有普通分析天平、半自动/全自动加码电光投影阻尼分析天平及电子分析天平等。

表 2-4　常用玻璃量器允差范围表　　单位：mL

滴定管		单标记移液管		容量瓶	
容积	允许误差	容积	允许误差	容积	允许误差
1	±0.01	1	±0.007	5	±0.02
2	±0.01	2	±0.010	10	±0.02
5	±0.01	3	±0.015	25	±0.03
10	±0.025	4	±0.015	50	±0.05
25	±0.05	5	±0.015	100	±0.10
50	±0.05	10	±0.020	200	±0.15
100	±0.10	15	±0.025	250	±0.15
—	—	20	±0.030	500	±0.25
—	—	25	±0.030	1 000	±0.40
—	—	50	±0.050	2 000	±0.60
—	—	100	±0.080	—	—

（一）电子分析天平的使用方法及注意事项

1. 电子分析天平的使用方法

（1）检查并调整天平至水平位置。

（2）事先检查电源电压是否匹配（必要时配置稳压器），按仪器要求通电预热至所需时间。

（3）预热足够时间后打开天平开关，天平则自动进行灵敏度及零点调节。待稳定标志显示后，可进行正式称量。

（4）称量时将洁净称量瓶或称量纸置于秤盘上，关上侧门，轻按一下去皮键，天平将自动校对零点，然后逐渐加入待称物质，直到所需质量为止。

（5）被称物质的质量是显示屏左下角出现“→”标志时，显示屏所显示的实际数值。

（6）称量结束应及时除去称量瓶（纸），关上侧门，使天平回到零点，切断电源，并做好使用情况登记。

2. 使用电子分析天平的注意事项

（1）天平应放置在牢固平稳的水泥台或木台上，室内要求清洁、干燥及较恒定的温度，同时应避免光线直接照射到天平上。

（2）称量时应从侧门取放物质，读数时应关闭箱门以免空气流动引起天平摆动。前门仅在检修或清除残留物质时使用。

（3）电子分析天平若长时间不使用，则应定时通电预热，每周一次，每次预热 2 h，以确保仪器始终处于良好使用状态。

（4）天平箱内应放置吸潮剂（如硅胶），当吸潮剂吸水变色，应立即高温烘烤更换，以确保吸湿性能。

（5）挥发性、腐蚀性、强酸强碱类物质应盛于带盖称量瓶内称量，防止腐蚀天平。

（二）分析天平的称量方法

常用的称量方法有直接称量法、固定质量称量法和递减称量法，现分别介绍如下。

1. 直接称量法

直接称量法是将称量物直接放在天平盘上称量物体的质量。例如，称量小烧杯的质量，容量器皿校正中称量某容量瓶的质量，重量分析实验中称量某坩埚的质量等，都使用这种称量法。

2. 固定质量称量法

固定质量称量法又称增量法，此法用于称量某一固定质量的试剂（如基准物质）或试样。这种称量操作的速度很慢，适于称量不易吸潮、在空气中能稳定存在的粉末状或小颗粒（最小颗粒应小于 0.1 mg，以便容易调节其质量）样品。

3. 递减称量法

递减称量法又称减量法，此法用于称量一定质量范围的样品或试剂。在称量过程中样品易吸水、易氧化或易与 CO_2 等反应时，可选择此法。由于称取试样的质量是由两次称量之差求得，故也称差减法。

称量步骤如下：从干燥器中用纸条夹住称量瓶后取出称量瓶（注意：不要让手指直接触及称量瓶和瓶盖），用纸片夹住称量瓶盖柄，打开瓶盖，用牛角匙加入适量试样（一般为称一份试样量的整数倍），盖上瓶盖。称出称量瓶加试样后的准确质量。将称量瓶从天平上取出，在接收容器的上方倾斜瓶身，用称量瓶盖轻敲瓶口上部使试样慢慢落入容器中，瓶盖始终不要离开接受器上方。当倾出的试样接近所需量（可从体积上估计或试重得知）时，一边继续用瓶盖轻敲瓶口，一边逐渐将瓶身竖直，使黏附在瓶口上的试样落回称量瓶，然后盖好瓶盖，准确称其质量。两次质量之差，即为试样的质量。按上述方法连续递减，可称量多份试样。有时一次很难得到合乎质量范围要求的试样，可重复上述称量操作 1～2 次。

六、监测分析实验室安全与管理

在监测分析实验中，经常使用腐蚀性、易燃、易爆炸或有毒的化学试剂；大量使用易损的玻璃仪器和某些精密分析仪器；使用水、电等。为确保实验的正常进行和人身安全，必须严格遵守监测分析实验室的安全规则。

（1）实验室内严禁饮食、吸烟，一切化学药品禁止入口。实验完毕后，必须洗手。水、电、煤气灯使用完毕后，应立即关闭。离开实验室时，应仔细检查水、电、门、窗是否均已关好。

（2）使用电器设备时，应特别细心，切不可用湿润的手去开启电闸和电器开关。凡是漏电的仪器不要使用，以免触电。

（3）浓酸、浓碱具有强烈的腐蚀性，切勿溅在皮肤和衣服上。使用浓 HNO_3、HCl、$HClO_4$、氨水时，均应在通风橱中操作，绝不允许在实验室加热。如不小心溅到皮肤和眼内，应立即用水冲洗，然后用 5%碳酸氢钠溶液（酸腐蚀时采用）或 5%硼酸溶液（碱腐蚀时采用）冲洗，最后用水冲洗。稀释浓硫酸只能将浓硫酸慢慢倒入水中，不能相反！实验室内应配有清洗龙头，并配备用于紧急处理意外伤害的药品箱。如伤害严重，应立即到就近医院就诊或拨打 120 请求救护。

（4）汞盐、砷化物、氰化物等剧毒物品，使用时应特别小心。氰化物不能接触酸，因作用时产生 HCN，剧毒！氰化物废液应倒入碱性亚铁盐溶液中，使其转化为亚铁氰化铁盐类，然后作废液处理，严禁直接倒入下水道或废液缸中。低毒和无毒废液大量稀释后排入污水管道。

（5）废酸、废碱以及四氯化碳、石油醚、氯仿、甲醛、丙酮等有机溶剂类废液收集后由分析实验室联系外送处置。将有废气产生的分析项目集中到有通风橱的实验室，以便废气的集中处理和排放。将固体废物分成可再生固体废物（如玻璃、纸张等）和不可再生固体废物（一般和危险）。将可再生固体废物收集起来送往废品回收站，一般固体废物按环卫垃圾处理，危险固体废物（如过期药品、废镉粒、废渣等）则按危险废物管理的有关规定处理。

（6）高压气瓶要严格按有关规定领用、存放和保管。气瓶应存放在阴凉、干燥、远离热源的地方，易燃气体气瓶与明火距离不小于 5 m，易燃气瓶最好隔离存放。不可将气体气瓶内用尽，以防倒灌。用后的气瓶，应按规定留 0.05 MPa 以上的残余压力，可燃性气体应剩余 0.2～0.3 MPa（表压）。

（7）如发生烫伤，可在烫伤处抹上黄色的苦味酸溶液或烫伤软膏。严重者应立即送医院治疗。

（8）实验室如发生火灾时，如果范围小，容易控制，则应根据起火的原因进行针对性灭火。酒精及其他可溶于水的液体着火时，可用水灭火。汽油、乙醚等有机溶剂着火时，用沙土扑灭，此时绝对不能用水，否则反而扩大燃烧面。导线或电器着火时，不能用水及二氧化碳灭火器，而应首先切断电源，用 CCl_4 灭火器灭火。衣服着火时，切忌奔跑，而应就地躺下滚动，或用湿衣服在身上抽打灭火。如果火势不能控制或火灾已威胁到人身安全，尽快离开危险区域。如有可能撤出气瓶，切断总电源，就近拨打火警电话 119，并派人在路口指引消防车。

（9）实验室应保持室内整齐、干净。不能将毛刷、抹布扔在水槽中。一定要保持水槽清洁，禁止将固体物、玻璃碎片等扔入水槽内，以免造成下水道堵塞。此类物质以及废纸、废屑应放入垃圾箱。

第二节　环境监测分析方法

环境监测分析方法根据测定原理和使用仪器不同，可以分为化学分析法和仪器分析法。

一、化学分析法

化学分析法（chemical analysis）是以化学反应为基础的分析方法。

1．化学分析法的分类和特点

化学分析法主要包括根据化学反应生成物的质量定量的重量分析法；根据化学反应中所消耗标准溶液的体积定量的滴定分析法；根据化学反应中所生成气体的体积或气体与吸收剂反应生成物质的质量定量的气体分析法。它们都是以分析天平、滴定管、容量瓶、移液管、气体吸收仪为分析工具，要求分析人员具有熟练的操作技能，通过正确操作可以获得高精密度（0.2%～0.5%）和高准确度（0.2%）的分析结果。化学分析法是分析化学的基础，在常量分析中是广泛应用的方法。

2．滴定分析法

滴定分析法（titrimetric analysis）是化学分析法中最重要的分析方法。滴定分析法是将一种已知其准确浓度的试剂溶液（标准溶液）通过滴定管滴加到待测组分的溶液中，直到所加标准溶液和待测组分恰好完全定量反应为止，这时加入标准溶液物质的量与待测组分的物质的量符合反应式的化学计量关系，然后根据标准溶液的浓度和所消耗的体积，算出待测组分的含量。

滴定分析法按照化学反应类型及使用的溶剂不同，可以分为酸碱滴定法、配位滴定法、氧化还原滴定法、沉淀滴定法和非水溶剂滴定法；按照滴定方式不同，可以分为直接滴定法、间接滴定法、返滴定法和置换滴定法。

滴定分析法的特点是用于组分含量在 1%以上的常量组分的分析；快速、简便、准确度高（相对误差<0.2%）；应用范围广。

二、仪器分析法

仪器分析法（instrumental analysis）是以物质的物理和物理化学性质为基础，并借用较精密仪器测定被测物质含量的分析方法。

1．仪器分析法的分类

仪器分析法又可以分为：

（1）光化学分析法，包括分光光度法（比色法、紫外和红外分光光度法）、原子吸收法、发射光谱法、荧光分析法。

（2）电化学分析法，包括电位法、电导法、电解法、极谱法、库仑分析法。

（3）色谱分析法：气相色谱法（GC）、高压液相色谱法（HPLC）等。

（4）其他分析法：质谱分析法、核磁共振分析法。

2．仪器分析法的特点

仪器分析的发展极为迅速，应用前景极为广阔。仪器分析方法种类很多，所用分析仪器也各有特点，但从总体来看，仪器分析法具有以下特点：

（1）快速、灵敏、测量含量很低的杂质（微量）。多使用与标准物质进行比较的方法进行测定，精密度达 0.5%～2.0%，准确度达 1.0%～5.0%。

（2）可进行无损分析，有时可在不破坏试样的情况下进行测定，适于考古、文物等特殊领域的分析。有的方法还能进行表面或微区（直径为微米级）分析，试样可回收。

（3）能进行多信息或特殊功能的分析，有时可同时作定性、定量分析，有时可同时测定材料的组分比和原子的价态。放射性分析法还可作痕量杂质分析。

（4）专一性强，例如，用单晶 X 衍射仪可专测晶体结构；用离子选择性电极可测指定离子的浓度等。

（5）便于遥测、遥控、自动化，可作即时、在线分析，控制生产过程、环境自动监测与控制。

（6）操作较简便，省去了繁多化学操作过程。随自动化、程序化程度的提高操作将更趋于简化。

第三节　监测分析的数据处理

一、误差与偏差

（一）基本概念

1. 误差

误差（Error）表示分析结果与真实值之间的差值。

绝对误差表示测定值与真实值之差。

$$绝对误差（E）= 测得值（X）-真实值（T）$$

相对误差表示测定误差在真实值（结果）中所占百分率。

$$相对误差（RE）= \frac{测定值（X）-真实值（T）}{真实值（T）} \times 100\%$$

实际工作中人们常将用标准方法通过多次重复测定所求出的算术平均值作为真实值。

准确度表示实验测定值与真实值之间相符合的程度，可用误差衡量测量结果的准确度，误差越小，准确度越高；误差越大，准确度越低。

例 1　测定值 57.30，真实值 57.34，请计算绝对误差和相对误差。

$$绝对误差（E）= X - T = 57.30 - 57.34 = -0.04$$

$$相对误差（RE）= \frac{E}{T} \times 100\% = \frac{-0.04}{57.34} \times 100\% = -0.07\%$$

实际测定时，相对误差使用较多，仪器分析使用绝对误差较多。

2. 偏差

偏差（Deviation）表示几次平行测定结果相互接近的程度。

绝对偏差表示单项测定与平均值的差值。

$$绝对偏差（d_i）= x_i - \bar{x}$$

相对偏差表示绝对偏差在平均值中所占百分率。

$$相对偏差（d\%）= \frac{d_i}{\bar{x}} \times 100\%$$

精密度是指相同条件下几次重复测定结果彼此相符合的程度。精密大小由偏差表示，偏差越小，精密度越高。实际工作中，平均偏差的使用较普遍。

平均偏差是指单项测定值与平均值的偏差（取绝对值）之和，除以测定次数。

$$平均偏差（\bar{d}）= \frac{\sum |d_i|}{n}$$

$$相对平均偏差（\bar{d}_{\bar{x}}）=\frac{\bar{d}}{\bar{x}}\times 100\%$$

$$标准偏差（S）=\sqrt{\frac{\sum(x_i-\bar{x})^2}{n-1}}$$

$$相对标准偏差=\frac{S}{\bar{x}}\times 100\%$$

在一般分析中，通常多采用平均偏差来表示测量的精密度。而对于一种分析方法所能达到的精密度的考察，一批分析结果的分散程度的判断以及其他许多分析数据的处理等，最好采用相对标准偏差等理论和方法。用标准偏差表示精密度，可将单项测量的较大偏差和测量次数对精密度的影响反映出来。

例 2　甲：0.3，0.2，0.4，–0.2，0.4，0.0，0.1，0.3，0.2，–0.3

乙：0.0，0.1，0.7，0.2，0.1，0.2，0.6，0.1，0.3，0.1

请计算甲组和乙组的平均偏差（$\bar{d}$）和标准偏差（S）。

解：第一组，平均偏差（$\bar{d}$）$=\frac{\sum|d_i|}{n}=0.24$；$S=0.28$

第二组，平均偏差（$\bar{d}$）$=\frac{\sum|d_i|}{n}=0.24$；$S=0.34$

由此说明：第一组的精密度好。

3．准确度与精密度的关系

由甲、乙、丙三人的实验数据分析结果如下表所示：（标准值为 0.31）

	1	2	3	4	平均值
甲	0.20	0.20	0.18	0.17	0.19
乙	0.40	0.30	0.25	0.23	0.30
丙	0.36	0.35	0.34	0.33	0.35

甲：精密度很高，但平均值与标准样品数值相差很大，说明准确度低。

乙：精密度不高，准确度也不高。

丙：精密度高，准确度也高。

因此，准确度高必须精密度高，精密度高并不等于准确度高。

（二）误差来源及消除方法

1. 误差的来源

产生误差的原因很多，一般分为三类：系统误差、偶然误差和过失误差。

（1）系统误差

由某种固定原因所造成的误差，使测定结果系统偏高或偏低。当重复进行测量时，它会重复出现。系统误差产生的原因如下。

仪器误差：由于使用的仪器本身不够精确而造成的。例如，未经过校正的容量瓶、移液管、砝码等。

方法误差：由分析方法本身造成的。例如，重量分析中由于沉淀的溶解、共沉淀现象。滴定分析中，干扰离子的影响，等当点、突跃范围和滴定终点不符合等。

试剂误差：由于所用水和试剂不纯造成的。

操作误差：由于分析工作者掌握分析操作的条件不熟练，个人观察器官不敏锐和固有的习惯所致。

（2）偶然误差

偶然误差在分析操作中是无法避免的。对于同一试样进行多次分析，得到的分析结果仍不完全一致的原因为偶然误差。偶然误差是由于在测量过程中，不固定的因素所造成的，也称不可测误差、随机误差。例如，样品处理时微小的差别，气温、气流等环境因素。

（3）过失误差

由操作不正确，粗心大意引起的误差，应舍去所得结果。例如，加错试剂、溶液溅失等。过失误差在工作中是完全可以避免的。

2. 提高分析结果准确度的方法

（1）选择合适的分析方法

化学分析：滴定分析是常用的分析化学，重量分析灵敏度不高，高含量较合适。

仪器分析：微量分析较合适。

（2）减小测量误差

例如，在重量分析中，测量步骤主要是称重，这时就应设法减少称量误差。

（3）增加平行测定的次数、减小偶然误差

平行测定的次数一般要求在 2～4 次，一般为 3 次，就可以得到比较满意的结果。

（4）消除测量过程中的系统误差

通过做空白试验和对照试验以及进行仪器校正，可以消除测量过程中的系统误差。

空白试验：指不加试样，按分析规程在同样的操作条件进行分析，得到空白值。然后从试样中扣除此空白值就得到比较可靠的分析结果。

对照试验：用标准品样品代替试样进行的平行测定。

校正仪器：分析天平、砝码、容量器皿要进行校正。

二、有效数字

数字是监测分析结果进行记录、计算与交流的形式。有效数字就是实际能测量到的数字。

（一）有效数字的位数

有效数字保留的位数，应根据分析方法与仪器的准确度来决定，一般使测得的数值中只有最后一位是可疑的。例如，在分析天平上称取试样 0.500 0 g，这不仅表明试样的质量为 0.500 0 g，还表明称量的误差在± 0.000 2 g 以内。如将其质量记录成 0.50 g，则表明该试样是在台秤上称量的，其称量误差为±0.02 g，故记录数据的位数不能任意增加或减少。如在上例中，如果在分析天平上，测得称量瓶的质量为 10.432 0 g，这个记录说明有 6 位有效数字，最后一位是可疑的。因为分析天平只能称准到小数点后第 4 位，即称量瓶的实际质量应为（10.432 0±0.000 2）g。无论计量仪器如何精密，其最后一位数总是估计出来的。因此，有效数字的末位数字是不准确数字，其余数字均为准确数字。同时从上面的例子也可以看出有效数字与仪器的准确程度有关，即有效数字不仅表明数量的大小而且也反映测量的准确度。

“0”在有效数字中可作为数字定位或作为有效数字双重作用。数字之间和小数点后末尾的“0”是有效数字；数字前面所有的“0”只起定位作用；以“0”结尾的正整数，有效数字的位数不确定。例如，4 500 这个数，就不能确定是几位有效数字，可能为 2 位或 3 位，也可能是 4 位。遇到这种情况，应根据实际有效数字书写成：4.5×10^3（2 位）；4.50×10^3（3 位）；4.500×10^3（4 位）。因此，有效数字的位数是从第一个非零数字算起的位数。

例 3	1.000 8	43 181	五位有效数字
	0.100 0	10.98%	四位有效数字
	0.038 2	1.98×10^{-10}	三位有效数字
	54	0.004 0	二位有效数字
	0.05	2×10^5	一位有效数字
	3 600	100	有效数字位数不明确

对于滴定管、移液管和吸量管，它们都能准确测量溶液体积到 0.01 mL。所以当用 50 mL 滴定管测定溶液体积时，如测量体积大于 10 mL 小于 50 mL 时，应记录为 4 位有效数字。例如，写成 24.22；如测定体积小于 10 mL，应记录 3 位有效数字，例如，写成 8.13 mL。当用 25 mL 移液管移取溶液时，应记录为 25.00 mL；当用 5 mL 吸量管吸取溶液时，应记录为 5.00 mL。

（二）数字修约规则

我国科学技术委员会正式颁布的《数字修约规则》，通常称为“四舍六入五成双”法则。四舍六入五考虑，即当被修约数字小于或等于 4 时舍去，当被修约数字尾数等于或大于 6 时进位。当被修约数字为 5 时，若 5 后面的数为 0，则应视末位数是奇数还是偶数（零视为偶数），5 前为偶数应将 5 舍去，5 前为奇数应将 5 进位；若 5 后面的数不为 0，则一律进位。

这一法则的具体运用如下：

（1）将 28.175 和 28.165 处理成 4 位有效数字，则分别为 28.18 和 28.16。

（2）将 28.264 5 处理成 3 位有效数字时，其被舍去的第一位数字为 6，则有效数字应为 28.3。

（3）将 28.350、28.250、28.050 处理成 3 位有效数字，分别为 28.4、28.2、28.0。

（4）若 28.250 1，只取 3 位有效数字时，成为 28.3。

（5）若被舍弃的数字包括几位数字时，不得对该数字进行连续修约，而应根据以上各条作一次处理。如 2.154 546，只取 3 位有效数字时，应为 2.15，而不得按下法连续修约为 2.16：

$$2.154\ 546\rightarrow2.154\ 55\rightarrow2.154\ 6\rightarrow2.155\rightarrow2.16$$

（三）有效数字计算规则

1. 加减法

在加减法运算中，运算结果有效数字的保留位数，以参加运算的各数中小数点后位数最少的为准，即以绝对误差最大的为准。

例 4　0.012 1 + 25.64 + 1.057 82 =?

（1）先按修约规则，全部保留小数点的后两位；

（2）再计算；

（3）不允许计算后再修约。

$$\begin{array}{r} 0.01 \\ 25.64 \\ +\quad 1.06 \\ \hline 26.71 \end{array} \qquad \begin{array}{r} 0.012\,1 \\ 25.64 \\ +\quad 1.057\,82 \\ \hline 26.709\,92 \end{array}$$

正确　　　　不正确

2. 乘除法

在乘除法运算中，运算结果有效数字的保留位数，以参加运算的各数中有效数字位数最少的为准，即以相对误差最大的为准。

例 5　0.012 1×25.64×1.057 82 = ？

解：0.012 1×25.6×1.06 = 0.328（结果要求是三位）

在这个计算中三个数的相对误差分别为

$$RE = \frac{\pm 0.000\,1}{0.012\,1} \times 100\% = \pm 0.8\%$$

$$RE = \frac{\pm 0.01}{25.64} \times 100\% = \pm 0.04\%$$

$$RE = \frac{\pm 0.000\,01}{1.057\,82} \times 100\% = \pm 0.000\,9\%$$

显然第一个数的相对误差最大（有效数字为 3 位），应以它为准，将其他数字根据有效数字修约原则，保留 3 位有效数字，然后相乘即可。

3. 自然数

在监测分析中，有时会遇到一些倍数和分数的关系，如

水的相对分子质量=2×1.008+16.00=18.02

在这里“2×1.008”中的“2”都还能看作是一位有效数字。因为它们是非测量所得到的数，是自然数，其有效数字位数可视为无限的。

三、可疑数据的取舍

在实际定量分析测试工作中，由于随机误差的存在，使得多次重复测定的数据不可能完全一致，而存在一定的离散性。在一组数据中，往往有个别数据与其他数据相差较远，这一数据称为可疑值，又称为异常值或极端值。

对可疑值应作如下判断：

（1）分析实验中，若知道某测定值是操作中的过失所造成的，应立即将此数据弃去。

（2）找不出可疑值出现的原因，不应随意弃去或保留，而应按照下面介绍的方法来取舍。

1．$4\bar{d}$ 法（4 乘平均偏差法）

$4\bar{d}$ 法的步骤如下：

（1）将可疑值除外，求其余数据的平均值和平均偏差。

（2）求可疑值与平均值的差值。

（3）将此值与 $4\bar{d}$ 比较。若 $\left|x_{可疑}-\bar{x}_{n-1}\right| \geqslant 4\bar{d}_{n-1}$，则可疑值舍去。

此法运算简单，但只适用于 4～8 个数据且要求不高的实验数据的检验。

例 6 测定某溶液的浓度，平行测定四次的结果分别为 0.101 2 mol/L，0.101 3 mol/L，0.101 9 mol/L，0.101 5 mol/L。用 $4\bar{d}$ 法确定 0.101 9 mol/L 能否舍去？

解：除可疑值 0.101 9 mol/L 以外，求平均值和平均偏差。

$$\bar{x}_{n-1}=\frac{0.1012+0.1013+0.1015}{3}\text{mol/L}=0.1013\ \text{mol/L}$$

$$\bar{d}_{n-1}=\frac{0.0001+0.0000+0.0002}{3}\text{mol/L}=0.0001\ \text{mol/L}$$

$$\left|x_{可疑}-\bar{x}_{n-1}\right|=0.1019-0.1013=0.0006\ \text{mol/L}$$

$$4\bar{d}_{n-1}=4\times 0.0001=0.0004\ \text{mol/L}$$

$$\left|x_{可疑}-\bar{x}_{n-1}\right|>4\bar{d}_{n-1}$$

故 0.101 9 mol/L 应舍去。

2．Q 检验法

Q 检验法的步骤如下：

（1）将测定结果按从小到大的顺序排列：$x_1, x_2, x_3, \cdots, x_n$，求出最大值与最小值之差，即极差。

（2）求出可疑值数据 x_1 或 x_n 与邻近数据之差。

（3）按下式计算：$Q_{计}=\frac{\left|x_{可疑值}-x_{相邻值}\right|}{x_{max}-x_{min}}$

（4）将计算值 $Q_{计}$ 与临界值 $Q_{表}$（表 2-5）比较。若 $Q_{计} \leqslant Q_{表}$，则可疑值为正常值应保留，否则应舍去。

（5）舍去一个异常值后，再用同样的方法检验另一端，直至无异常值为止。

表 2-5 两种置信度下舍弃可疑数据的 $Q_{表}$

测定次数 n	3	4	5	6	7	8	9	10
置信度 P=0.90	0.94	0.76	0.64	0.56	0.51	0.47	0.44	0.41
置信度 P=0.95	1.53	1.05	0.86	0.76	0.69	0.64	0.60	0.58

Q 检验法适用于 3～10 个数据的检验。

例 7 某分析人员对试样平行测定 5 次，测量值分别为 2.62 g，2.60 g，2.61 g，2.63 g，2.52 g，试用 Q 检验法确定测定值 2.52 g 是否应该保留？（置信度为 90%）

解：将测定结果按从小到大的顺序排列：2.52 g，2.60 g，2.61 g，2.62 g，2.63 g

从表 2-5 中可知，当 n=5 时，$Q_{表}$= 0.64，则

$$Q_{计}=\frac{x_2-x_1}{x_n-x_1}=\frac{2.60-2.52}{2.63-2.52}=0.72(\mathrm{g})$$

$Q_{计}>Q_{表}$，故 2.52 g 应予舍去。

3. $4\bar{d}$ 法和 Q 检验法的比较

相同处：从误差出现的概率考虑。

不同处：$4\bar{d}$ 法将可疑数据排除在外，方法简单只适合处理一些要求不高的实验数据。Q 检验法准确性相对较高，方法也是简单易行。

第三章　监测分析质量控制

第一节　监测分析质量控制的意义和内容

环境监测是环境保护的眼睛，其技术水平对于把握污染现状和预测污染发展趋势起着非常重要的作用。而环境监测的数据是环境监测的重要产品，对于数据质量常以“五性”即精密性、准确性、代表性、完整性和可比性来评价。精密性和准确性主要体现在实验室分析测试技术方面，代表性和完整性主要体现在优化布点、样品采集、保存、运输和处理等方面，而可比性又是精密性、准确性、代表性、完整性的综合体现，只有前四项都具备了，才有可比性可言。质量控制（QC）和质量保证（QA）是贯穿环境监测全过程的技术手段和管理程序，其目的是出具具有“五性”的环境监测数据。

环境监测质量保证是保证监测数据正确可靠的全部活动和措施，是环境监测的全面质量管理，致力于对达到测试结果质量要求提供信任。为了能提供信任，必须组织开展一系列质量保证活动，并能提供证实已达到质量要求的客观证据。质量保证可分内部质量保证和外部质量保证。内部质量保证是向组织的管理者提供信任，通过开展质量管理体系评审以及自我评定，使管理者对本组织的体系、出具的数据、过程的质量要求满足规定要求充满信心。外部质量保证是为了向顾客和第三方等提供信任，使他们确信组织的体系、出具的数据、过程的质量已能满足规定要求，具备持续提供满足顾客要求并使其满意的测试结果的质量保证能力。环境监测质量保证的主要内容包括：制订一个良好的监测计划，根据监测目的的需要和可能、经济成本和效益，确定对监测指标及数据的质量要求；规定相应的分析监测系统和质量控制程序，组织人员培训，编制分析方法和各种规章制度等。为取得合乎精密度、准确度、可比性、代表性与完整性要求的监测结果提供保证。

环境监测质量控制是环境监测质量保证的一个重要部分，致力于达到分析质量要求。是预防测试数据不合格发生的重要手段和措施，贯穿于测试分析的全过程。建立和实施质量体系，使质量活动得到严格控制。质量控制的目的在于控制监测人员的实验误差，以保证测试结果的精密度和准确度能在给定的置信水平下，达到允许限规定范围的质量要求。它包括实验室内部质量控制和外部质量控制两个部分。实验室内部质量控制，是实验室自我控制质量的常规程序，它能反映分析质量稳定性如何，以便及时发现分析中异常情况，随时采取相应的校正措施。其内容包括空白实验、校准曲线核查、仪器设备的定期计量检定、平行样分析、加标样分析、密码样分析、分析同一样品各个检验结果的相关性、对保留样品再检验和编制质量控制图等：外部质量控制通常是参加本检验机构以外的同类检验机构的检验试验或比对，以便对数据进行独立评价，实验室可以从中发现所存在的系统误差等问题，以便及时校正、提高数据质量。常用的方法有分析标准样品以进行实验室之间的评价和分析测量系统的现场评价等。

第二节　监测分析质量控制方法

一、实验室内部质量控制

实验室内部质量控制，包括实验室内自控和他控。自控是分析测试人员自我控制分析质量的过程；他控属于外部质量控制，是由独立于实验室之外他人对监测分析人员实施质量控制过程。实施实验室内部质量控制的目的在于把监测分析误差控制在一定的可接受的限度（允许差）之内，保证测试结果的精密度和准确度在给定的置信水平内，达到规定的质量要求。

实验室内质量控制技术和活动的实施，应在技术负责人、质量负责人指导下由质控人员进行。在确定了监测项目之后，应选定适宜的方法，进行基础训练，并实施相应的质量控制技术，其程序如图 3-1 所示。

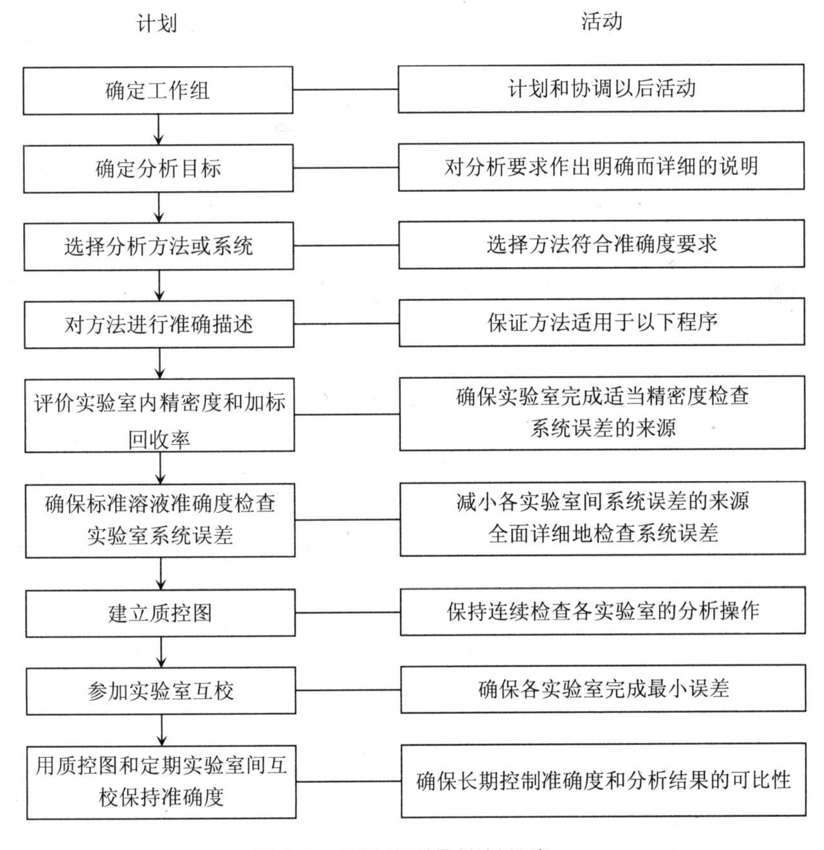

图 3-1　实验室质量控制程序

（一）质量控制图

质量控制图是实验室内部实行质量控制的一种常用的、简便有效的方法，对经常性的分析项目常用控制图来控制质量，它可以用于准确度和精密度的检验。

质量控制图的基本原理是由 W.A.Shewart 提出来的，他指出：每一个方法都存在着变异，都受时间和空间的影响，即使在理想的条件下获得的一组分析结果，也会存在着一定的随机误差。但当某一结果超出了随机误差的允许范围时，运用数理统计的方法，可以判断这个结果是异常的、不足信的。质量控制图可以起到监测的仲裁作用。

质量控制图主要是反映分析质量的稳定性情况，以便及时发现某些偶然的异常现象，随时采取相应的校正措施。编制质量控制图的基本假设是：测定结果在受控条件下具有一定的精密度和准确度，并按正态分布。

质量控制图一般采用直角坐标系。横坐标代表抽样次数或样品序号，纵坐标代表作为质量控制指标的统计值。质量控制图的基本组成见图 3-2。

预期值——图中的中心线；

目标值——图中上下警告线；

实测值的可接受范围——图中上下控制限之间区域；

辅助线——上下各一线，在中心线两侧与上下警告线之间各一半处。

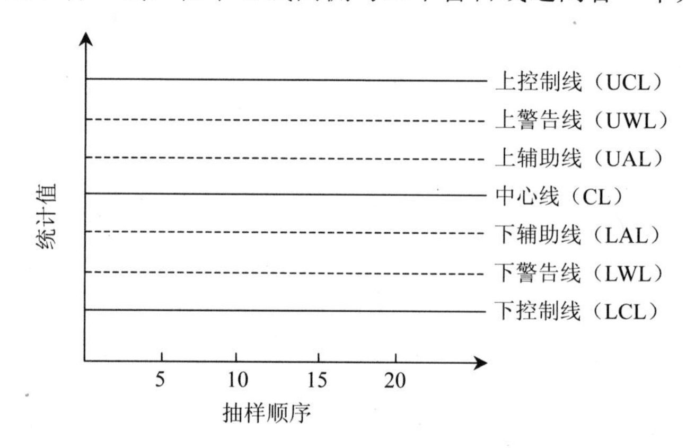

图 3-2 质量控制图的组成

（二）质量控制图的绘制和使用方法

质量控制图可分均值控制图和均数-极差控制图两种。

1. 均值控制图（$\overline{X}$ 图）

主要考察平行样测定的平均值 $\overline{X}$ 与总体平均值的接近程度。

（1）均值控制图的编制

编制质量控制图时，需要准备一份质量控制样品，控制样品的浓度与组成尽量与环境样品相近，且性质稳定而均匀。编制时，要求在一定时间内，分批地用于分析环境样品相同的分析方法分析控制样品 20 份以上（每次平行分析两份，求其平均值 $\overline{X}_i$），其分析数据按下列公式计算总体平均值 $\overline{\overline{X}}$、标准偏差 S（此值不得大于标准分析方法中规定的相应浓度水平的标准偏差值）和平均极差 $\bar{R}$ 等值，以此来绘制质量控制图。

$$\bar{X}_i = \frac{x_i + x_i'}{2} \qquad \bar{\bar{X}} = \frac{\Sigma \bar{x}_i}{n}$$

$$S = \sqrt{\frac{\Sigma \bar{X}_i^2 - \frac{(\Sigma \bar{X}_i)^2}{n}}{n-1}}$$

$$R_i = |x_i - x_i'| \qquad \bar{R} = \frac{\Sigma R_i}{n}$$

以测定顺序为横坐标，相应的测定值为纵坐标。同时作有关控制线。

中心线——以总体数均值 $\bar{\bar{X}}$ 估计 μ；

上、下控制线——按 $\bar{\bar{X}} \pm 3S$ 值绘制；

上、下警告线——按 $\bar{\bar{X}} \pm 2S$ 值绘制；

上、下辅助线——按 $\bar{\bar{X}} \pm S$ 值绘制。

在绘制控制图时，落在 $\bar{\bar{X}} \pm S$ 范围内的点数应占总数的 68%，若小于 50%，则分布不合适，此图不可靠。若落在 $\bar{\bar{X}} \pm S$ 范围的点数在 50%～68%，此图虽可用，但可靠性较差。若连续 7 点位于中心线同一侧，表示数据失控，此图不适用。

控制图绘制后，应标明绘制控制图的有关内容与条件，如测定项目、分析方法、样品浓度、温度、操作人员和绘制日期等。

（2）均值控制图的使用

根据日常工作中该项目的分析频率和分析人员的技术水平，每间隔适当时间，取两份平行的控制样品，随环境样品同时测定；对操作技术水平较低的人员和测定频率低的项目，每次都应同时测定控制样品：将控制样品的测定结果 $\overline{X_i}$ 依次点在控制图上，根据下列规定检验分析过程是否处于控制状态。

① 若此点在上下警告线之间区域内，则测试结果处于控制状态，环境样品分析结果有效。

② 若此点超出上述区域，但仍在上下控制线之间的区域内，表示分析质量开始变劣，可能存在“失控”倾向，应进行初步检查，并采取相应的校正措施。此时环境样品的分析结果仍然有效。

③ 若此点落在上下控制线以外，则表示测定过程已经失控，应立即查明原因，予以纠正。

④ 若遇到 7 点连续上升或下降时，表示测定有失去控制的倾向，应立即查明原因，予以纠正。

⑤ 即使过程处于控制状态，尚可根据相邻几次测定值的分布趋势，对分析质量可能发生的问题进行初步判断。

当控制样品测定次数积累更多之后，这些结果可以和原始结果一起重新计算总平均值、标准偏差、再校正原来的控制图。

例：某一铜的控制水样，积累测定 20 个平行样，其结果见表 3-1，试作 $\bar{X}$ 控制图。

表 3-1 铜控制水样测定结果 单位：mg/L

序号	$\overline{X}_i$	序号	$\overline{X}_i$	序号	$\overline{X}_i$	序号	$\overline{X}_i$	序号	$\overline{X}_i$
1	0.251	5	0.290	9	0.262	13	0.263	17	0.225
2	0.250	6	0.260	10	0.234	14	0.300	18	0.250
3	0.250	7	0.240	11	0.229	15	0.262	19	0.256
4	0.263	8	0.235	12	0.250	16	0.270	20	0.250

解：总均值 $\overline{\overline{X}}=\dfrac{\Sigma\overline{X}_i}{n}$=0.256（mg/L）

标准偏差 $S=\sqrt{\dfrac{\Sigma\overline{X}_i^{\,2}-(\Sigma\overline{X}_i)^2}{n-1}}$=0.020（mg/L）

$\overline{\overline{X}}+S$=0.276（mg/L） $\overline{\overline{X}}-S$=0.236（mg/L）

$\overline{\overline{X}}+2S$=0.296（mg/L） $\overline{\overline{X}}-2S$=0.216（mg/L）

$\overline{\overline{X}}+3S$=0.316（mg/L） $\overline{\overline{X}}-3S$=0.196（mg/L）

2. 均数-极差控制图（$\overline{X}-R$ 图）

均数-极差控制图不仅可以考察测定平均值 $\overline{X}$ 与总体平均值的接近程度，$\overline{X}$ 而且还能反映极差的变化情况。

有时分析平行样的平均值与总均值很接近，但极差较大，显然属质量较差。而采用均数-极差控制图就能同时考察均数和极差的变化情况。

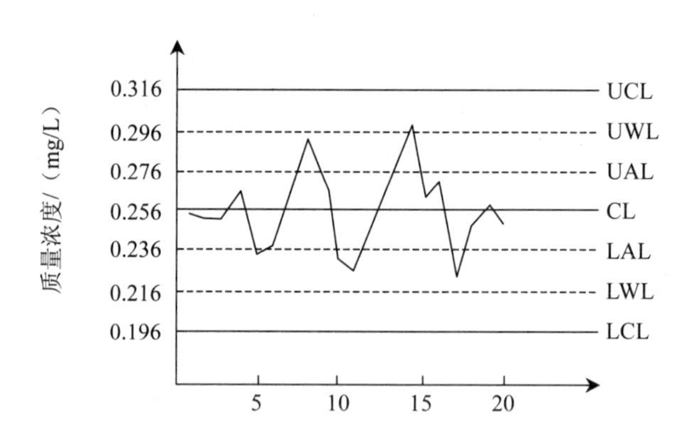

图 3-3 均数控制图

$\overline{X}-R$ 控制图包括下述内容：

均数控制图部分：

中心线——$\overline{\overline{X}}$；

上、下控制线——$\overline{\overline{X}}\pm A_2\overline{R}$；

上、下辅助线——$\overline{\overline{X}}\pm\dfrac{1}{3}A_2\overline{R}$。

极差控制图部分：

上控制线——$D_4\overline{R}$；

上警告线——$\overline{R}+\dfrac{2}{3}(D_4\overline{R}-\overline{R})$；

下控制线——$D_3\overline{R}$。

系数 A_2、D_3、D_4 可从表 3-2 查出。

表 3-2　控制图系数表（每次测 n 个样品）

系数	2	3	4	5	6	7	8
A_2	1.88	1.02	0.73	0.58	0.48	0.42	0.37
D_3	0	0	0	0	0	0.076	0.136
D_4	3.27	2.58	2.28	2.12	2.00	1.92	1.86

因为极差越小越好，故极差控制图部分没有下警告线。但使用过程中，如 R 值稳定下降，以至 $R \approx D_3 \overline{R}$（接近下控制限）；则表明测定精密度已有提高，原质量控制图失效，应根据新的测定值重新计算 $\overline{\overline{X}}$、$\overline{R}$ 和各相应统计量，改绘新的 $\overline{X}-R$ 图。（图 3-4）

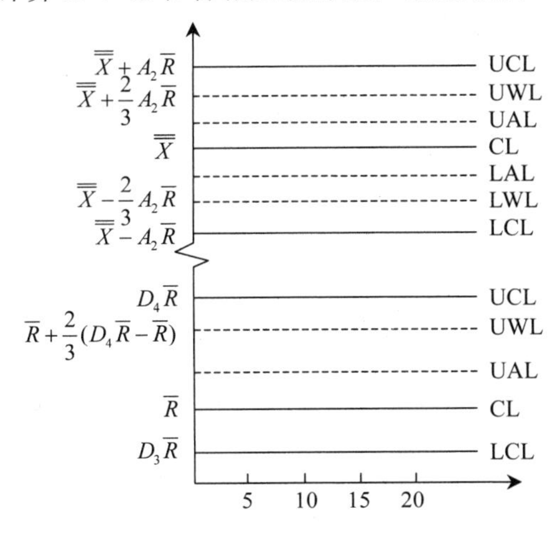

图 3-4　均数-极差控制图

$\overline{X}-R$ 图使用原则也是一样，只是两者中任一个超出控制限（不包括 R 图部分的下控制限），即认为“失控”，故其灵敏度较单纯的 $\overline{X}$ 图或 R 图高。

例：用镉试剂法测镉。以质量浓度为 1 mg/L 的控制样品每次做两个平行测定。其结果如表 2-8 所示，据此绘制均数-极差控制图。

解：根据每次平行样数据 X_i 和 X_i'，计算平均值（$\overline{X}$）和极差（R）并填于表 3-3。

表 3-3　镉试剂法测镉含量　　单位：mg/L

序号	X_i	X_i'	$\overline{X}$	R_i	序号	X_i	X_i'	$\overline{X}$	R_i
1	1.00	0.96	0.98	0.04	11	1.00	0.98	0.99	0.02
2	0.98	1.00	0.99	0.02	12	0.98	0.96	0.97	0.02
3	0.92	1.00	0.96	0.08	13	0.99	0.96	0.975	0.03
4	0.94	1.02	0.98	0.08	14	1.00	0.95	0.975	0.05
5	0.98	1.00	0.985	0.03	15	0.98	0.96	0.97	0.02
6	0.97	1.00	0.99	0.02	16	1.04	0.95	0.995	0.09
7	0.99	1.05	1.02	0.06	17	1.03	1.00	1.015	0.03
8	0.97	0.99	0.98	0.02	18	0.97	0.99	0.98	0.08
9	1.02	1.00	1.01	0.02	19	1.02	0.94	0.98	0.08
10	0.97	0.95	0.96	0.02	20	1.02	0.94	0.98	0.08

计算总均数 $\bar{\bar{X}} = \frac{\Sigma \bar{X}}{n} = 0.98$

变异系数 $C_v = \frac{S}{\bar{\bar{X}}} \times 100\% = 3.16\%$

平均极差 $\bar{R} = \frac{\Sigma R_i}{n} = 0.042$

镉的监测方法中规定当镉质量浓度大于 0.1 mg/L 时，$C_v \leqslant 4\%$，故上述数据“合格”。

均数上、下控制限为 $\bar{\bar{X}} \pm A_2\bar{R}$，分别为 1.06 和 0.90；

均数上、下警告限为 $\bar{\bar{X}} \pm \frac{2}{3}A_2\bar{R}$，分别为 1.03 和 0.93；

均数上、下辅助限为 $\bar{\bar{X}} \pm \frac{1}{3}A_2\bar{R}$，分别为 1.006 和 0.954；

极差上控制限为 $D_2\bar{R} = 0.14$；

极差上警告限为 $\bar{R} + \frac{2}{3}(D_4\bar{R} - \bar{R}) = 0.11$；

极差上辅助限为 $\bar{R} + \frac{1}{3}(D_4\bar{R} - \bar{R}) = 0.075$；

极差下控制限为 $D_4\bar{R} = 0$。

据此绘成均数-极差控制图，如图 3-5 所示。

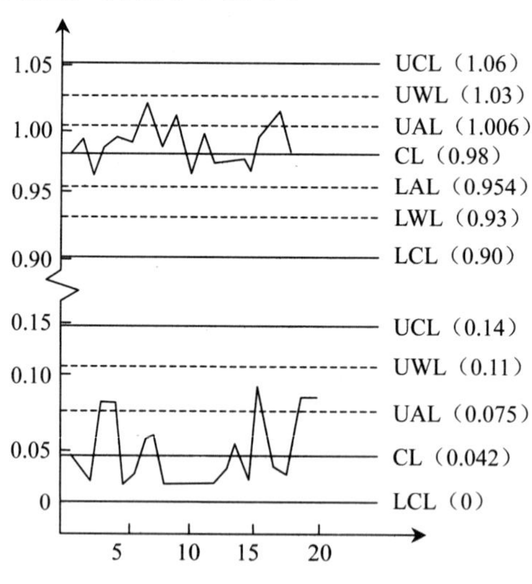

图 3-5　镉的均数-极差控制图

由于实际样品的浓度是变化的，而 $\bar{X} - R$ 图中 R 值随浓度改变而变化，因此需要绘制一系列不同浓度水平的 R 图。在使用 R 图时最关心的是 R 值是否超出上控制限，故可对每一监测项目绘制一系列各种浓度范围的上控制限表格，把不同浓度范围的上控制限数据处理到最接近的整数（高浓度时）或保留一位小数。这一系列的 R 值称为临界限（R_c），用它作为不同浓度水平的极差控制是很方便实用的，见表 3-4。

表 3-4 某些项目平行样品测定的临界限（R_c）参考表

项目	质量浓度范围	上控制限（UCL）	临界限（R_c）
BOD_5/（mg/L）	$1<\rho<10$	3.4	3.5
	$20<\rho<25$	6.34	6
	$25<\rho<50$	10.9	11
	$50<\rho<150$	21.3	21
	$150<\rho<300$	36.3	36
	$300<\rho<1\,000$	39.6	40
	$\rho>1\,000$	57.9	58
Cr/（μg/L）	$5<\rho<10$	1.05	1
	$10<\rho<25$	1.86	2
	$25<\rho<50$	3.66	4
	$50<\rho<150$	12.4	12
	$150<\rho<500$	17.2	17
	$\rho>500$	74.9	25
Cu/（μg/L）	$5<\rho<15$	3.04	3
	$15<\rho<25$	4.41	4
	$25<\rho<50$	4.73	5
	$50<\rho<100$	7.62	8
	$100<\rho<200$	9.19	9
	$\rho>200$	14.9	15

实验室内平行双样允许差没有规定的可参考表 3-5。

表 3-5 相对偏差最大允许值

分析结果所在数量级/（g/L）	10^{-4}	10^{-5}	10^{-6}	10^{-7}	10^{-8}	10^{-9}	10^{-10}
相对偏差最大允许值/%	1	2.5	5	10	20	30	50

（三）其他一些常规的质量控制方法

1. 平行样分析：同一样品的两份或多份子样在完全相同的条件下进行同步分析，一般做平行双样，它反映测试的精密度（抽取样品数的 10%～20%）。

2. 加标回收分析：在测定样品时，于同一样品中加入一定量的标准物质进行测定，将测定结果扣除样品的测定值，计算回收率，一般应为样品数量的 10%～20%。

3. 密码样分析：平行样的密码加标样分析，它是由专职质控人员，在所需分析的样品中，随机抽取 10%～20%的样品，编为密码平行样或加标样，这些样品对分析者本人均是未知样品。

4. 标准物质（或质控样）对比分析：标准物质（或质控样）既可以是明码样，也可以是密码样，它的结果是经权威部门（或一定范围的实验室）定值，有准确测定值的样品，它可以检查分析测试的准确性。

5. 室内互检：在同一实验室的不同分析人员之间的相互检查和比对分析。

6. 室间互检：将同一样品的子样分别交付不同的实验室进行分析，以检验分析的系统误差。

7. 方法比较分析：对同一样品分别使用具有可比性的不同方法进行测定，并将结果进行比较。

8. 分析同一样品各个检验结果的相关性。

9. 对保留样品再检验。

二、实验室间质量控制

目的在于使协同工作的实验室间能在保证基础数据质量的前提下，提供准确可靠的测试结果，即在控制分析测试的随机误差达最小的情况下，进一步控制系统误差。主要用于实验室性能评价和分析人员的技术水平，协作实验仲裁分析等方面。这一工作通常有某一系统的中心实验室、上级机关或权威单位负责。

（一）实验室质量考核

由负责单位根据所要考核的具体情况，参考前面所述内容，制订具体实施方案。考核方案一般包括如下内容：

1. 质量考核测定项目；
2. 质量考核分析方法；
3. 质量考核参加单位；
4. 质量考核统一程序；
5. 质量考核结果评定。

考核内容有：分析标准样品或统一样品；测定加标样品；测定空白平行，核查检测下限；测定标准系列，检查相关系数和计算回归方程，进行截距检查等。通过质量考核，最后由负责单位综合实验室的数据进行统计处理后做出评价予以公布。各实验室可以从中发现所存在的问题并及时纠正。

工作中标准样品或统一样品应逐级向下分发，一级标准由中国环境监测总站将国家质量监督检验检疫总局确认的标准物质分发给各省、自治区、直辖市的环境监测中心，作为环境监测质量保证的基准使用。

二级标准由各省、自治区、直辖市的环境监测中心按规定配制并检验证明其浓度参考值、均匀度和稳定性，并经中国环境监测站确认后，方可分发给各实验室作为这里考核的基准使用。

如果标准样品系列不够完备而有特定用途时，各省、自治区、直辖市在具备合格实验室和合格分析人员条件下，可自行配制所需的统一样品，分发给所属网、站，供质量保证活动使用。

各级标准样品或统一样品均应在规定要求的条件下保存，遇下列情况之一应报废：① 超过稳定期；② 失去保存条件；③ 开封使用后无法或没有及时恢复原封装，而不能继续保存者。

为了减小系统误差，使数据具有可比性，应使用同一分析方法，首先应从国家（或部门）规定了的 “标准方法”中选定，当根据具体情况选用“标准方法”以外的其他分析方法时，必须有该法与相应“标准方法”对几份样品进行比较实验，按规定判定无显著性差异后，方可选用。

（二）实验室误差测验

在实验室间起支配作用的误差常称为系统误差，为检查实验室间是否存在系统误差，它的大小和方向以及对分析结果的可比性是否有显著性的影响，可不定期地对有关实验室进行误差测定，以便发现问题及时纠正。

方法是将两个浓度不同（分别为 x_i、y_i 两者相差约±5%），但很类似的样品同时分发给各实验室，分别对其做单次测定。并在规定日期内上报测定结果 x_i、y_i。计算每一浓度的均值 $\overline{x}$ 和 $\overline{y}$，在方格坐标纸上画出 x_i、$\overline{x}$ 值的垂直线和 y_i、$\overline{y}$ 值的水平线。将各实验室测定结果（x，y）点于图中。通过零点和 $\overline{x}$、$\overline{y}$ 值交点画一直线，结果如图 3-6 所示，此图叫双样图，可以根据图形判断实验室存在的误差。

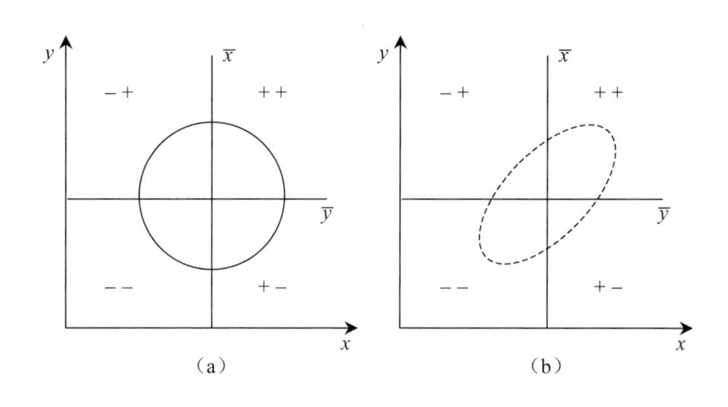

图 3-6　双样图

根据随机误差的特点，在各点应分别高于或低于平均值，且随机出现。因此如各实验室间不存在系统误差，则各点应随机分布在四个象限，即大致成一个以代表两均值的直线交点为中心的圆形，如图 3-6（a）所示。如各实验室间存在系统误差，则实验室测定值双双偏高或双双偏低，即测定值分布在＋＋或－－象限内，形成一个与纵向约为 45°倾斜的椭圆形，如图 3-6（b）所示，根据椭圆形的长轴与矩轴之差及其位置，可估计实验室间系统误差的大小和方向。

根据各点的分散度来估计各实验室间的精密度和准确度。

如将数据进一步作误差分析，可更具体了解各实验室的误差性质。处理的方法有：

1. 标准差分析

（1）将各对数据（x_i、y_i）分别求和值、差值

和值	差值
$x_1 + y_1 = T_1$	$\lvert x_1 + y_1 \rvert = D_1$
$x_2 + y_2 = T_2$	$\lvert x_2 + y_2 \rvert = D_2$
…	…
$x_n + y_n = T_n$	$\lvert x_n + y_n \rvert = D_n$

（2）取和值 T_i 计算各实验室数据分布的标准偏差

$$S=\sqrt{\frac{\Sigma T_i^2 \frac{(\Sigma T_i)^2}{n}}{2(n-1)}}$$

式中分母除以 2 是因为 T_i 值中包括两个类似样品的测定结果而含有两倍的误差。

（3）因为标准偏差可分解为系统标准偏差和随机标准偏差，当两个类似样品测定结果相减，使系统偏差消除，故可取差值 D_i 计算随机标准偏差：

$$S_{\mathrm{r}}=\sqrt{\frac{\Sigma D_i^2-\frac{(\Sigma T_i)^2}{n}}{2(n-1)}}$$

（4）如 $S=S_{\mathrm{r}}$，即总标准偏差只包含随机标准偏差，表明实验室不存在系统误差。

2. 方差分析

当 $S_{\mathrm{r}}<S$ 时，需以方差分析进行检验：

（1）计算 $F=S^2/S_{\mathrm{r}}^2$；

（2）根据给定显著性水平（0.05）和 S、S_{r} 自由度（f_1、f_2）查方差分析 F；

（3）若 $F\leqslant F_{0.05}(f_1、f_2)$，表明在 95%置信水平时，各实验室间所存在的系统误差对分析结果的可比性无显著影响，即各实验室分析结果之间不存在显著性差异；

（4）若 $F>F_{0.055}(f_1、f_2)$，则实验室间所存在的系统误差将显著影响分析结果的可比性，应找出原因并采取相应的校正措施。

第四章　室内环境监测项目的分析测定

第一节　室内空气监测项目的分析测定

一、空气中甲醛的测定

空气中甲醛的测定方法通常有以下四种。

（一）AHMT 分光光度法[①]

1. 原理

空气中甲醛被吸收液吸收，在碱性溶液中与 4-氨基-3-联氨-5-巯基-1,2,4-三氮杂茂（AHMT）发生反应，然后经高碘酸钾氧化形成紫红色化合物，其颜色的深浅与甲醛含量成正比，在波长 550 nm 下，通过比色定量测定甲醛含量。

测定范围：若采样体积为 20 L，则测定质量浓度范围为 0.01～0.16 mg/m^3。

检出限：0.13 μg。

2. 仪器和设备

（1）气泡吸收管：有 5 mL 和 10 mL 刻度线。

（2）空气采样器：流量范围 0～2 L/min。

（3）具塞比色管：10 mL。

（4）分光光度计：具有 550 nm 波长，并配有 10 mm 比色皿。

3. 试剂和材料

（1）吸收液：称取 1 g 三乙醇胺，0.25 g 偏重亚硫酸钠和 0.25 g 乙二胺四乙酸二钠溶于水中并稀释至 1 000 mL。

（2）氢氧化钾溶液（5 mol/L）：取 28 g 氢氧化钾溶于适量蒸馏水中，稍冷后，加蒸馏水至 100 mL。

（3）AHMT 溶液：取 0.25 g AHMT 溶于 0.5 mol/L 盐酸溶液中，并稀释到 50 mL，此溶液置于棕色试剂瓶中，放暗处，可保存半年。

（4）1.5%高碘酸钾溶液：取 1.5 g KIO_4 于 100 mL 0.2 mol 氢氧化钠溶液中，置于水浴上加热使其溶解。

（5）碘溶液[c (1/2 I_2)=0.100 0 mol/L]：称量 30 g 碘化钾，溶于 25 mL 水中，加入 127 g

---

① 本方法参考《居住区大气中甲醛方法检验标准方法　分光光度法》（GB/T 16129—1995）。

碘。待碘完全溶解后，用水定容至 1 000 mL。移入棕色瓶中，暗处储存。

（6）1 mol/L 氢氧化钠溶液：称量 40 g 氢氧化钠，溶于水中，并稀释至 1 000 mL。

（7）0.5 mol/L 硫酸溶液：取 28 mL 浓硫酸缓慢加入水中，冷却后，稀释至 1 000 mL。

（8）硫代硫酸钠标准溶液[$c\ (Na_2S_2O_3)$=0.100 0 mol/L]：同第一节二氧化硫的测定中硫代硫酸钠标准溶液的配制与标定方法。

（9）0.5%淀粉溶液：将 0.5 g 可溶性淀粉，用少量水调成糊状后，再加入 100 mL 沸水，并煎沸 2～3 min 至溶液透明。冷却后，加入 0.1 g 水杨酸或 0.4 g 氯化锌保存。

（10）甲醛标准贮备溶液：取 2.8 mL 含量为 36%～38%甲醛溶液，放入 1 L 容量瓶中，加水稀释至刻度。此溶液 1 mL 约相当于 1 mg 甲醛。其准确浓度用下述碘量法标定。

甲醛标准贮备溶液的标定：精确量取 20.00 mL 待标定的甲醛标准贮备溶液，置于 250 mL 碘量瓶中。加入 20.00 mL [$c\ (1/2I_2)$=0.100 0 mol/L]碘溶液和 15 mL 1 mol/L 氢氧化钠溶液，放置 15 min，加入 0.5 mol/L 硫酸溶液，再放置 15 min，用[$c\ (Na_2S_2O_3)$=0.100 0 mol/L]硫代硫酸钠溶液滴定，至溶液呈现淡黄色时，加入 1 mL 0.5%淀粉溶液继续滴定至恰使蓝色褪去为止，记录所用硫代硫酸钠溶液体积（V_2，mL）。同时用水做试剂空白滴定，记录空白滴定所用硫代硫酸钠标准溶液的体积（V_1，mL）。甲醛溶液的浓度用下式计算：

$$甲醛溶液质量浓度（mg/mL）=(V_1-V_2)\times c_0\times 15/20$$

式中，V_1——试剂空白消耗[$c\ (Na_2S_2O_3)$=0.100 0 mol/L]硫代硫酸钠溶液的体积，mL；

V_2——甲醛标准贮备溶液消耗[$c(Na_2S_2O_3)$=0.100 0 mol/L]硫代硫酸钠溶液的体积，mL；

c_0——硫代硫酸钠溶液的精确物质的量浓度，mol/L；

15——甲醛的当量；

20——所取甲醛标准贮备溶液的体积，mL。

两次平行滴定，误差应小于 0.05 mL，否则重新标定。

（11）甲醛标准溶液：临用时，将甲醛标准贮备溶液用水稀释成 1.00 mL 含 10 μg 甲醛、立即再取此溶液 10.00 mL，加入 100 mL 容量瓶中，加入 5 mL 吸收原液，用水定容至 100 mL，此液 1.00 mL 含 1.00 μg 甲醛，放置 30 min 后，用于配制标准色列管。此标准溶液可稳定 24 h。

4. 采样

用一个内装 5 mL 吸收液的气泡吸收管，以 1.0 L/min 流量，采气 20 L。并记录采样时的温度和大气压。

5. 分析步骤

（1）标准曲线的绘制：取 7 支具塞比色管，按表 4-1 制备标准色列管。

表 4-1 甲醛标准色列

管号	0	1	2	3	4	5	6
标准溶液/mL	0.00	0.10	0.20	0.40	0.80	1.20	1.60
吸收溶液/mL	2.00	1.90	1.80	1.60	1.20	0.80	0.40
甲醛含量/μg	0.00	0.20	0.40	0.80	1.60	2.40	3.20

各管加入 1.0 mL 5 mol/L 氢氧化钾溶液，1.0 mL 0.5% AHMT 溶液，盖上管塞，轻轻颠倒混匀 3 次，放置 20 min。加入 0.3 mL 1.5%高碘酸钾溶液，充分振摇，放置 5 min。用 10 mm 比色皿，在波长 550 nm 下，以水作参比，测定各管吸光度。以甲醛含量为横坐标，吸光度为纵坐标，绘制标准曲线，并计算标准曲线的斜率，以斜率的倒数作为样品测定计算因子 B_s（μg/吸光度）。

（2）样品测定：采样后，补充吸收液到采样前的体积。准确吸取 2 mL 样品溶液于 10 mL 比色管中，按制作标准曲线的操作步骤测定吸光度。

在每批样品测定的同时，用 2 mL 未采样的吸收液，按相同步骤作试剂空白值测定。

6. 计算

（1）将采样体积换算成标准状态下采样体积。

（2）空气中甲醛浓度按下式计算：

$$\rho = \frac{(A - A_0)B_s}{V_0} \times \frac{V_1}{V_2}$$

式中，ρ——空气中甲醛，mg/m^3；

A——样品溶液的吸光度；

A_0——空白溶液的吸光度；

B_s——用标准溶液绘制标准曲线得到的计算因子，μg/吸光度；

V_0——换算成标准状态下的采样体积，L；

V_1——采样时吸收液体积，mL；

V_2——分析时取样品体积，mL。

（二）酚试剂分光光度法①

1. 原理

空气中的甲醛被酚试剂溶液吸收，反应生成嗪，嗪在酸性溶液中被高铁离子氧化形成蓝绿色化合物。根据颜色深浅，比色定量。

测量范围：用 5 mL 样品溶液，本法测量范围为 0.1～1.5 mg；采样体积为 10 L 时，可测浓度范围 0.01～0.15 mg/m^3。

检出下限：本法检出 0.056 mg 甲醛。

2. 仪器和设备

（1）大型气泡吸收管：有 10 mL 刻度线。出气口内径为 1 mm，出气口至管底距离等于或小于 5 mm。

（2）恒流采样器：流量范围为 0～1 L/min，流量稳定。使用时，用皂膜流量计校准采样系列在采样前和采样后的流量，流量误差应小于 5%。

（3）具塞比色管：10 mL。

（4）分光光度计：在 630 nm 测定吸光度。

3. 试剂

（1）吸收液：称量 0.10 g 酚试剂[$C_6H_4SN(CH_3)C{:}NNH_2 \cdot HCl$（简称 MBTH），溶于水中，

① 本方法参考《公共场所卫生检验方法　第 2 部分：化学污染物》（GB/T 18204.2—2014）。

稀释至 100 mL 即为吸收原液，储存于棕色瓶中，在冰箱内可以稳定 3 d。采样时取 5.0 mL 原液加入 95 mL 水，即为吸收液。

（2）1%硫酸铁铵溶液：称量 1.0 g 硫酸铁铵[$NH_4Fe(SO_4)_2 \cdot 12H_2O$]，用 0.1 mol/L 盐酸溶液溶解，并稀释至 100 mL。

（3）甲醛标准溶液：配制及标定方法同 AHMT 比色法。

4. 采样

用一个内装 5.0 mL 吸收液的大型气泡吸收管，以 0.5 L/min 流量，采气 10 L。并记录采样点的温度和大气压力。采样后样品在室温下应在 24 h 内分析。

5. 分析步骤

（1）标准曲线的绘制：取 9 支 10 mL 具塞比色管，按表 4-2 配制标准色列。然后向各管中加 1%硫酸铁铵溶液 0.40 mL 摇匀。在室温下显色 20 min。在波长 630 nm 处，用 1 cm 比色皿，以水为参比，测定吸光度。以甲醛含量为横坐标，吸光度为纵坐标，绘制标准曲线，并计算标准曲线斜率，以斜率倒数作为样品测定的计算因子 B_g（μg/吸光度）。

表 4-2　甲醛标准色列

管号	0	1	2	3	4	5	6	7	8
标准溶液/mL	0.00	0.10	0.20	0.40	0.60	0.80	1.00	1.50	2.00
吸收液/mL	5.00	4.90	4.80	4.60	4.40	4.20	4.00	3.50	3.00
甲醛质量/μg	0.00	0.10	0.20	0.40	0.60	0.80	1.00	1.50	2.00

（2）样品测定：采样后，将样品溶液移入比色皿中，用少量吸收液洗涤吸收管，洗涤液并入比色管，使总体积为 5.0 mL，室温下放置 80 min，以下操作同标准曲线的绘制。

6. 计算

（1）将采样体积换算成标准状态下采样体积。

（2）空气中甲醛浓度按下式计算

$$\rho=(A-A_0)\times B_g/V_0$$

式中，ρ——空气中甲醛，mg/m^3；

A——样品溶液的吸光度；

A_0——空白溶液的吸光度；

B_g——用标准溶液绘制标准曲线得到的计算因子，μg/吸光度；

V_0——换算成标准状态下的采样体积，L。

（三）气相色谱法[①]

1. 原理

空气中甲醛在酸性条件下吸附在涂有 2,4-二硝基苯（2,4-DNPH）6201 担体上，生成稳定的甲醛腙。用二硫化碳洗脱后，经 OV-色谱柱分离，用氢焰离子化检测器测定，以保

① 本方法参考《公共场所卫生检验方法　第 2 部分：化学污染物》（GB/T 18204.2—2014）。

留时间定性，峰高定量。

测定范围：若以 0.2 L/min 流量采样 20 L 时，测定范围为 0.02～1.00 mg/m^3。

检出下限：0.01 mg/m^3

2. 仪器和设备

（1）采样管：内径 5 mm，长 100 mm 玻璃管，内装 150 mg 吸附剂，两端用玻璃棉堵塞，用胶帽密封，备用。

（2）空气采样器：流量范围为 0.2～10 L/min。

（3）具塞比色管：5 mL。

（4）微量注射器：10 μL。

（5）气相色谱仪：带氢火焰离子化检测器。

（6）色谱柱：长 2 m，内径 3 mm 的玻璃柱，内装固定相（OV-1），色谱担体 Shimatew（80～100 目）。

3. 试剂

（1）二硫化碳：需重新蒸馏进行纯化。

（2）2,4-DNPH 溶液：称取 0.5 mg 2,4-DNPH 于 250 mL 容量瓶中，用二氯甲烷稀释至刻度。

（3）2 mol/L 盐酸溶液。

（4）吸附剂：10 g 6201 担体（60～80 目），用 40 mL 2,4-DNPH 二氯甲烷饱和溶液分两次涂敷，减压、干燥，备用。

（5）甲醛标准溶液：配制和标定方法同 AHMT 比色法。

4. 采样

取一支采样管，用前取下胶帽，拿掉一端的玻璃棉，加一滴（约 50 μL）2 mol/L 盐酸溶液后，再用玻璃棉堵好。将加入盐酸溶液的一端垂直朝下，另一端与采样进气口相连，以 0.5 L/min 的速度，抽气 50 L。采样后，用胶帽套好，并记录采样点的温度和大气压力。

5. 分析步骤

（1）气相色谱测试条件：分析时，应根据气相色谱仪的型号和性能，制定能分析甲醛的最佳测试条件。

（2）绘制标准曲线和测定校正因子：在做样品测定的同时，绘制标准曲线或测定校正因子。

标准曲线的绘制：取 5 支采样管，各管取下一端玻璃棉，直接向吸附剂表面滴加一滴（约 50 μL）20 mol/L 盐酸溶液。然后，用微量注射器分别准确加入甲醛标准溶液（1.00 mL 含 1 mg 甲醛），制成在采样管中的吸附剂上甲醛含量在 0～20 μg 范围内有五个浓度点标准管，再填上玻璃棉，反应 10 min，再将各标准管内吸附剂分别移入 5 个具塞比色管中，各加入 1.0 mL 二硫化碳，稍加振摇，浸泡 30 min，即为甲醛洗脱溶液标准系列管。然后，取 5.0 μL 各个浓度点的标准洗脱液，进色谱柱，得色谱峰和保留时间。每个浓度点重复做 3 次，测量峰高的平均值。以甲醛的浓度（μg/mL）为横坐标，平均峰高（mm）为纵坐标，绘制标准曲线，并计算回归线的斜率。以斜率的倒数作为样品测定的计算因子 B_s[μg/(mL·mm)]。

测定校正因子：在测定范围内，可用单点校正法求校正因子。在样品测定同时，分别取试剂空白溶液与样品浓度相接近的标准管洗脱溶液，按气相色谱最佳测试条件进行测定，重复做 3 次，得峰高的平均值和保留时间。按下式计算校正因子：

$$f=\rho_0/(h-h_0)$$

式中，f——校正因子，μg/(mL·mm)；

ρ_0——标准溶液质量浓度，μg/mL；

h——标准溶液平均峰高，mm；

h_0——试剂空白溶液平均峰高，mm。

（3）样品测定：采样后，将采样管内吸附剂全部移入 5 mL 具塞比色管中，加入 1.0 mL 二硫化碳，稍加振摇，浸泡 30 min。取 5.0 μL 洗脱液，按绘制标准曲线或测定校正因子的操作步骤进样测定。每个样品重复做 3 次，用保留时间确认甲醛的色谱峰，测量其峰高，计算峰高的平均值（mm）。

在每批样品测定的同时，取未采样的采样管，按相同操作步骤做试剂空白的测定。

6. 计算

（1）用标准曲线法按下式计算空气中甲醛的质量浓度：

$$\rho=\frac{(h-h_0)B_s}{V_0E_s}\times V_1$$

式中，ρ——空气中甲醛的质量浓度，mg/m^3；

h——样品溶液峰高的平均值，mm；

h_0——试剂空白溶液峰高的平均值，mm；

B_s——用标准溶液制备标准曲线得到的计算因子，μg/(mL·mm)；

V_1——样品洗脱溶液总体积，mL；

E_s——由实验确定的平均洗脱效率；

V_0——换算成标准状况下的采样体积，L。

（2）用单点校正法按下式计算空气中甲醛的质量浓度：

$$\rho=\frac{(h-h_0)f}{V_0E_s}\times V_1$$

式中，f——用单点校正法得到的校正因子，μg/(mL·mm)；其他符号同前。

（四）乙酰丙酮分光光度法[①]

1. 原理

甲醛吸收于水中，在铵盐存在下，与乙酰丙酮作用，生成稳定的黄色化合物，根据颜色深浅，用分光光度法测定。

测定范围：在采样体积为 0.5～10.0 L 时，测定范围为 0.5～800 mg/m^3。

检出限：本方法检出限为 0.25 μg/5 mL，当采样体积为 30 L 时，最低检出质量浓度为 0.008 mg/m^3。

① 本方法参考《空气质量　甲醛的测定　乙酰丙酮分光光度法》（GB/T 15516—1995）。

2. 仪器

（1）大型气泡吸收管：有 10 mL 刻质；

（2）空气采样器：流量 0～1 L/min；

（3）具塞比色管：10 mL；

（4）分光光度计。

3. 试剂

（1）重蒸蒸馏水。

（2）乙酰丙酮溶液：称取 25.0 g 乙酸铵，加少量水溶解，加 3.0 mL 冰乙酸及 0.25 mL 新蒸馏的乙酰丙酮，混匀，加水稀释至 100 mL。

（3）甲醛标准溶液：取 36%～38%甲醛 10 mL，用水稀释至 500 mL，标定方法同 AHMT 比色法。临用时，用水稀释配制每毫升含 5.0μg 甲醛的标准溶液。

4. 采样

用一个内装 5.0 mL 水及 1.0 mL 乙酰丙酮溶液的气泡吸收管，以 0.5 L/min 的流量，采气 30 L。

5. 分析步骤

（1）标准曲线的绘制。取 8 支 10 mL 具塞比色管，按表 4-3 配制标准系列。

表 4-3　甲醛标准色列

管号	0	1	2	3	4	5	6	7
水/mL	5.00	4.90	4.80	4.60	4.40	4.00	3.00	2.00
乙酰丙酮溶液/mL	1.00	1.00	1.00	1.00	1.00	1.00	1.00	1.00
甲醛标准溶液/mL	0.00	0.10	0.20	0.40	0.60	1.00	2.00	3.00
甲醛质量/μg	0.00	0.50	1.00	2.00	3.00	5.00	10.00	15.00

各管混均匀后，在室温为 25℃下放置 2 h，使其显色完全后，在波长 414 nm 处，用 1 cm 比色皿，以水为参比，测定吸光度。以吸光度对甲醛含量绘制标准曲线。

（2）样品测定。采样后，样品在室温下放置 2 h，然后将样品溶液移入比色皿中，以下操作步骤同标准曲线的绘制。

6. 计算

$$\rho = m/V_0$$

式中，m——样品中甲醛质量，μg；

V_0——标准状态下采样体积，L。

二、空气中氨的测定

空气中氨的测定方法通常有以下 4 种。

（一）靛酚蓝分光光度法[①]

1. 原理

空气中氨吸收在稀硫酸中，在亚硝基铁氰化钠及次氯酸钠存在下，与水杨酸生成蓝绿色的靛酚蓝染料，根据着色深浅，比色定量。

测定范围：测定范围为 10 mL 样品溶液中含 0.5～10.0 mg 氨。按本法规定的条件采样 10 min，样品可测质量浓度范围为 0.1～2.0 mg/m^3。

检测下限：检测下限为 0.5 mg/10 mL，最低检出若采样体积为 5 L 时，质量浓度为 0.01 mg/m^3。

2. 仪器和设备

（1）大型气泡吸收管：有 10 mL 刻度线，出气口内径为 1 mm，与管底距离应为 3～5 mm。

（2）空气采样器：流量范围 0～2 L/min，流量稳定。使用前后，用皂膜流量计校准采样系统的流量，误差应小于±5%。

（3）具塞比色管：10 mL。

（4）分光光度计：可测波长为 697.5 nm，狭缝小于 20 nm。

3. 试剂

（1）吸收液[$c(H_2SO_4)$=0.005 mol/L]：量取 2.8 mL 浓硫酸加入水中，并稀释至 1 L。临用时再稀释 10 倍。

（2）水杨酸溶液（50 g/L）：称取 10.0 g 水杨酸[$C_6H_4(OH)COOH$]和 10.0 g 柠檬酸钠（$Na_3C_6O_7 \cdot 2H_2O$），加水约 50 mL，再加 55 mL 氢氧化钠溶液[$c(NaOH)$=2 mol/L]，用水稀释至 200 mL。此试剂稍有黄色，室温下可稳定 1 个月。

（3）亚硝基铁氰化钠溶液（10 g/L）：称取 1.0 g 亚硝基铁氰化钠[$Na_2Fe(CN)_5 \cdot NO \cdot 2H_2O$]，溶于 100 mL 水中。贮于冰箱中可稳定 1 个月。

（4）次氯酸钠溶液[$c(NaClO)$=0.05 mol/L]：取 1 mL 次氯酸钠试剂原液，用碘量法标定其浓度。然后用氢氧化钠溶液[$c(NaOH)$=2 mol/L]稀释成 0.05 mol/L 的溶液。贮于冰箱中可保存 2 个月。

（5）氨标准溶液

① 标准贮备液：称取 0.314 2 g 经 105℃干燥 1 h 的氯化铵（NH_4Cl），用少量水溶解，移入 100 mL 容量瓶中，用吸收液稀释至刻度，此液 1.00 mL 含 1.00 mg 氨。

② 标准工作液：临用时，将标准贮备液用吸收液稀释成 1.00 mL 含 1.00 μg 氨。

4. 采样

用一个内装 10 mL 吸收液的大型气泡吸收管，以 0.5 L/min 流量，采气 5 L，及时记录采样点的温度及大气压力。采样后，样品在室温下保存，于 24 h 内分析。

5. 分析步骤

（1）标准曲线的绘制：取 10 mL 具塞比色管 7 支，按表 4-4 制备标准系列管。

---

① 本方法参考《公共场所卫生检验方法　第 2 部分：化学污染物》（GB/T 18204.2—2014）。

表 4-4　氨标准系列

管号	0	1	2	3	4	5	6
标准工作液/mL	0.00	0.50	1.00	3.00	5.00	7.00	10.00
吸收液/mL	10.00	9.50	9.00	7.00	5.00	3.00	0.00
氨质量/μg	0.00	0.50	1.00	3.00	5.00	7.00	10.00

在各管中加入 0.50 mL 水杨酸溶液，再加入 0.10 mL 亚硝基铁氰化钠溶液和 0.10 mL 次氯酸钠溶液，混匀，室温下放置 1 h。用 1 cm 比色皿，于波长 697.5 nm 处，以水作参比，测定各管溶液的吸光度。以氨质量（μg）作横坐标，吸光度为纵坐标，绘制标准曲线，并计算标准曲线的斜率［标准曲线的斜率应为（0.081±0.003）吸光度/mg 氨］，以斜率的倒数作为样品测定计算因子 B_s（μg/吸光度）。

（2）样品测定：将样品溶液转入具塞比色管中，用少量的水洗吸收管，合并，使总体积为 10 mL。再按制备标准曲线的操作步骤测定样品的吸光度。在每批样品测定的同时，用 10 mL 未采样的吸收液做试剂空白测定。如果样品溶液吸光度超过标准曲线范围，则可用试剂空白稀释样品显色液后再分析。计算样品浓度时，要考虑样品溶液的稀释倍数。

6. 计算

（1）将采样体积换算成标准状态下的采样体积。

（2）空气中氨浓度按下式计算：

$$\rho\,(NH_3)=(A-A_0)B_s/V_0$$

式中，ρ——空气中氨质量浓度，mg/m^3；

A——样品溶液的吸光度；

A_0——空白溶液的吸光度；

B_s——计算因子，μg/吸光度；

V_0——标准状态下的采样体积，L。

（二）纳氏试剂分光光度法①

1. 原理

用稀硫酸溶液吸收空气中的氨，生成的铵离子与纳氏试剂反应生成黄棕色络合物，该络合物的吸光度与氨的含量成正比，在 420 nm 波长处测量吸光度，根据吸光度计算空气中氨的含量。

本方法检出限为 0.5 μg/10 mL 吸收液。当吸收液体积为 50 mL，采气 10 L 时，氨的检出限为 0.25 mg/m^3，测定下限为 1.0 mg/m^3，测定上限 20 mg/m^3。当吸收液体积为 10 mL，采气 45 L 时，氨的检出限为 0.01 mg/m^3，测定下限 0.04 mg/m^3，测定上限 0.88 mg/m^3。

2. 仪器和设备

（1）大型气泡吸收管：10 mL 或 50 mL。

① 本方法参考《环境空气和废气　氨的测定　纳氏试剂分光光度法》（HJ 533—2009）。

（2）气体采样装置：流量范围为 0.1～1.0 L/min。

（3）具塞比色管：10 mL。

（4）分光光度计：可测波长 420 nm，狭缝小于 20 nm。

3. 试剂

（1）硫酸吸收液，$c(1/2H_2SO_4)$=0.01 mol/L。

量取 2.7 mL 硫酸加入水中，并稀释至 1 L，配得 0.1 mol/L 的贮备液。临用时再稀释 10 倍。

（2）纳氏试剂

称取 12 g 氢氧化钠（NaOH）溶于 60 mL 水中，冷却；

称取 1.7 g 氯化汞（$HgCl_2$）溶解在 30 mL 水中；

称取 3.5 g 碘化钾（KI）于 10 mL 水中，在搅拌下将上述氯化汞溶液慢慢加入碘化钾溶液中，直至形成的红色沉淀不再溶解为止；

在搅拌下，将冷却至室温的氢氧化钠溶液缓慢地加入上述氯化汞和碘化钾的混合液中，再加入剩余的氯化汞溶液，混匀后于暗处静置 24 h，倾出上清液，储于棕色瓶中，用橡皮塞塞紧，2～5℃可保存 1 个月。

（3）酒石酸钾钠溶液，ρ=500 g/L。

称取 50 g 酒石酸钾钠（$KNaC_4H_6O_6 \cdot 4H_2O$）溶于 100 mL 水中，加热煮沸以去除氨，冷却后定容至 100 mL。

（4）盐酸溶液，c(HCl）=0.1 mol/L。

取 8.5 mL 盐酸（4.3），加入一定量的水中，定容至 1 000 mL。

（5）氨标准贮备液，$\rho(NH_3)$=1 000 μg/mL。

称取 0.785 5 g 氯化铵（NH_4Cl，优级纯，在 100～105℃干燥 2 h）溶解于水，移入 250 mL 容量瓶中，用水稀释到标线。

（6）氨标准使用溶液，$\rho(NH_3)$=20 μg/mL。

吸取 5.00 mL 氨标准贮备液（4.8）于 250 mL 容量瓶中，稀释至刻度，摇匀。临用前配制。

4. 样品

（1）采样管的准备

应选择气密性好、阻力和吸收效率合格的吸收管清洗干净并烘干备用。在采样前装入吸收液并密封避光保存。

（2）样品采集

采样系统由采样管、干燥管和气体采样泵组成。采样时应带采样全程空白吸收管。

环境空气采样：用 10 mL 吸收管，以 0.5 ~ 1 L/min 的流量采集，采气至少 45 min。

工业废气采样：用 50 mL 吸收管，以 0.5 ~ 1 L/min 的流量采集，采气时间视具体情况而定。

（3）样品保存

采样后应尽快分析，以防止吸收空气中的氨。若不能立即分析，2～5℃可保存 7 d。

5. 分析步骤

（1）绘制校准曲线

取 7 支 10 mL 具塞比色管，按表 4-5 制备标准系列。

表 4-5 标准系列

管号	0	1	2	3	4	5	6
标准工作液/mL	0.00	0.10	0.30	0.50	1.00	1.50	2.00
吸收液/mL	10.00	9.90	9.70	9.50	9.00	8.50	8.00
氨质量/μg	0	2	6	10	20	30	40

按表 4-5 准确移取相应体积的标准使用液，加水至 10 mL，在各管中分别加入 0.50 mL 酒石酸钾钠溶液，摇匀，再加入 0.50 mL 纳氏试剂，摇匀。放置 10 min 后，在波长 420 nm 下，用 10 mm 比色皿，以水作参比，测定吸光度。以氨含量（μg）为横坐标，扣除试剂空白的吸光度为纵坐标绘制校准曲线。

（2）样品测定

取一定量样品溶液（吸取量视样品浓度而定）于 10 mL 比色管中，用吸收液稀释至 10 mL。加入 0.50 mL 酒石酸钾钠溶液，摇匀，再加入 0.50 mL 纳氏试剂，摇匀，放置 10 min 后，在波长 420 nm，用 10 mm 比色皿，以水作参比，测定吸光度。

（3）空白实验

吸收液空白：以与样品同批配制的吸收液代替样品，按照（2）测定吸光度。

采样全程空白：即在采样管中加入与样品同批配制的相应体积的吸收液，带到采样现场、未经采样的吸收液，按照（2）测定吸光度。

6. 结果计算

（1）将采样体积换算成标准状态下采样体积。

（2）氨的含量由下式计算：

$$\rho_{NH_3}=\frac{(A-A_0-a)\times V_s\times D}{b\times V_{nd}\times V_0}$$

式中，ρ_{NH_3}—— 氨含量，mg/m^3；

A—— 样品溶液的吸光度；

A_0—— 与样品同批配制的吸收液空白的吸光度；

a—— 校准曲线截距；

b—— 校准曲线斜率；

V_s—— 样品吸收液总体积，mL；

V_0—— 分析时所取吸收液体积，mL；

V_{nd}—— 所采气样标准体积（101.325 kPa，273.15 K），L；

D—— 稀释因子。

（三）离子选择电极法[①]

1. 原理

氨气敏电极为一复合电极，以 pH 玻璃电极为指示电极，银-氯化银电极为参比电极。将此电极对置于盛有 0.1 mol/L 氯化铵内充液的塑料套管中，管底用一张微孔疏水薄膜与试液隔开，并使透气膜与 pH 玻璃电极间有一层很薄的液膜。当测定由 0.05 mol/L 硫酸吸收液所吸收的大气中的氨时，加入强碱，使铵盐转化为氨，由扩散作用通过透气膜（水和其他离子均不能通过透气膜），使氯化铵电质液膜层内 $NH^{+}_{4} \rightleftharpoons NH_3+H^{+}$的反应向左移动，引起氢离子浓度改变，由 pH 玻璃电极测得其变化。在恒定的离子强度下，测得的电极电位与氨浓度的对数呈线性关系。由此，可从测得的电位值确定样品中氨的含量。

检出限：采样体积 60 L 时，最低检出质量浓度 0.015 mg/m^3。

2. 试剂

（1）无氨水。

（2）电极内充液：$c(NH_4Cl)$=0.1 mol/L。

（3）碱性缓冲液：含有 $c(NaOH)$=5 mol/L 氢氧化钠和 c(EDTA-2Na)=0.5 mol/L 乙二胺四乙酸二钠盐的混合溶液，贮于聚乙烯瓶中。

（4）吸收液：$c(H_2SO_4)$=0.05 mol/L 硫酸溶液。

（5）氨标准贮备液：1.00 mg 氨。称取 3.111 g 经 100℃干燥 2 h 的氯化铵（NH_4Cl）溶于水中，移入 1 000 mL 容量瓶中，稀释至标线，摇匀。

（6）氨标准使用液：用氨标准贮备液逐级稀释配制。

3. 仪器和设备

（1）氨敏感膜电极。

（2）pH/毫伏计：精确到 0.2 mV。

（3）磁力搅拌器：带有用聚四氟乙烯包覆的搅拌棒。

（4）空气采样器。

（5）U 形多孔玻板吸收管：10 mL。

（6）具塞比色管：10 mL。

4. 采样

量取 10.00 mL 吸收液于 U 形多孔玻板吸收管中，调节采样器上的流量计的流量到 1.0 L/min（用标准流量计校正），采样 60 min。

5. 分析步骤

（1）仪器和电极的准备：按测定仪器及电极使用说明书进行仪器调试和电极组装。

（2）校准曲线的绘制：吸取 10.0 mL 质量浓度分别为 0.1 mg/L、1.0 mg/L、10 mg/L、100 mg/L、1 000 mg/L 的氨标准溶液于 25 mL 小烧杯中，浸入电极后加入 1.0 mL 碱性缓冲液，在搅拌下，读取稳定的电位值 E（在 1 min 内变化不超过 1 mV 时，即可读数），在半对数坐标纸上绘制 E-lgρ的校准曲线。

（3）样品测定：采样后，将吸收管中的吸收液倒入 10 mL 容量瓶中，再以少量吸收液

---

① 本方法参考《公共场所卫生检验方法　第 2 部分：化学污染物》（GB/T 18204.2—2014）。

清洗吸收管，加入容量瓶，最后以吸收液定容至 10 mL，将容量瓶中吸收液放入 25 mL 小烧杯中，以下步骤与校准曲线绘制相同，由测得的电位值在校准曲线上查得气样吸收液中氨质量浓度（mg/L），然后计算出大气中氨的质量浓度（mg/m^3）。

（4）全程序空白测定：用吸收液代替试样，按校准曲线步骤进行测定。

6. 计算

（1）将采样体积换算成标准状态下的采样体积。

（2）大气中氨的质量浓度以 mg/m^3 表示，可由下式计算：

$$\rho(NH_3)=\frac{(\rho-\rho_0)\times 10}{V_0}$$

式中，V_0——换算成标准状况下的采样体积，L；

ρ——样品溶液中氨质量浓度，mg/mL；

ρ_0——全程序空白溶液中氨质量浓度，mg/mL。

（四）次氯酸钠-水杨酸分光光度法[①]

1. 原理

氨被稀硫酸吸收液吸收后，生成硫酸铵。在亚硝基铁氰化钠存在下，铵离子、水杨酸和次氯酸钠反应生成蓝色络合物，在波长 697 nm 处测定吸光度。吸光度与氨的含量成正比，根据吸光度计算氨的含量。

本方法检出限为 0.1 μg/10 mL 吸收液。当吸收液总体积为 10 mL，以 1.0 L/min 的流量，采样体积为 1～4 L 时，氨的检出限为 0.025 mg/m^3，测定下限为 0.10 mg/m^3，测定上限为 12 mg/m^3。当吸收液总体积为 10 mL，采样体积为 25 L 时，氨的检出限为 0.004 mg/m^3，测定下限为 0.016 mg/m^3。

2. 仪器

（1）空气采样泵：流量范围为 0.1～1.0 L/min。

（2）大型气泡吸收管：10 mL。

（3）具塞比色管：10 mL。

（4）分光光度计。

（5）干燥管：内装变色硅胶或玻璃棉。

3. 试剂

（1）无氨水。

（2）硫酸吸收液，$c(1/2\ H_2SO_4)=0.005$ mol/L。

量取 2.7 mL 硫酸加入水中，并稀释至 1 L，配得 0.1 mol/L 的贮备液。临用时再稀释 20 倍。

（3）水杨酸-酒石酸钾钠溶液

称取 10.0 g 水杨酸[$C_6H_4(OH)COOH$]置于 150 mL 烧杯中，加适量水，再加入 5 mol/L 氢氧化钠溶液 15 mL，搅拌使之完全溶解。另称取 10.0 g 酒石酸钾钠（$KNaC_4H_6O_6\cdot 4H_2O$），

① 本方法参考《环境空气　氨的测定　次氯酸钠-水杨酸分光光度法》（HJ 534—2009）。

溶解于水，加热煮沸以除去氨，冷却后，与上述溶液合并移入 200 mL 容量瓶中，用水稀释至标线，摇匀。此溶液 pH 为 6.0～6.5，在 2～5℃于棕色瓶中可以稳定 1 个月。

（4）亚硝基铁氰化钠溶液，ρ=10 g/L。

称取 0.1 g 亚硝基铁氰化钠{$Na_2[Fe(CN)_6NO]\cdot 2H_2O$}，置于 10 mL 具塞比色管中，加水使之溶解，定容至标线，临用现配。

（5）次氯酸钠

可购买商品试剂，亦可以自己制备。

次氯酸钠溶液的制备方法：将盐酸（ρ =1.19 g/L）逐滴作用于高锰酸钾固体，将逸出的氯气导入 2 mol/L 氢氧化钠吸收液中吸收，生成淡草绿色的次氯酸钠溶液，存放于塑料瓶中。因该溶液不稳定，使用前应标定其有效氯浓度。

存放于塑料瓶中的次氯酸钠溶液（原液），每次使用前应标定其有效氯浓度和游离碱浓度（以 NaOH 计），标定方法如下：

次氯酸钠溶液中有效氯含量的测定：吸取 10.0 mL 次氯酸钠于 100 mL 容量瓶中，加水稀释至标线，混匀。移取 10.0 mL 稀释后的次氯酸钠溶液于 250 mL 碘量瓶中，加入蒸馏水 40 mL，碘化钾 2.0 g，混匀。再加入 6 mol/L 硫酸溶液 5 mL，密塞，混匀。置暗处 5 min 后，用 0.10 mol/L 硫代硫酸钠溶液滴至淡黄色，加入约 1 mL 淀粉指示剂，继续滴至蓝色消失为止。其有效氯浓度按下式计算：

$$\text{有效氯（g/L，以 }Cl_2\text{ 计）}=\frac{c\times V\times 35.45}{10.0}\times\frac{100}{10}$$

式中，c —— 硫代硫酸钠溶液浓度，mol/L；

V —— 滴定消耗硫代硫酸钠标准溶液体积，mL；

35.45 —— 有效氯的摩尔质量（$Cl_2/2$），g/mol。

次氯酸钠溶液中游离碱（以 NaOH 计）的测定：吸取次氯酸钠 1.0 mL 于 150 mL 锥形瓶中，加 20 mL 水，以酚酞作指示剂，用 0.10 mol/L 盐酸标准滴定溶液滴定至红色完全消失为止。如果终点的颜色变化不明显，可在滴定后的溶液中加 1 滴酚酞指示剂，若颜色仍显红色，则需继续用盐酸标准滴定溶液滴至无色。

（6）氢氧化钠溶液，c (NaOH)=2 mol/L。

称取 8.0 g 氢氧化钠，溶解于 100 mL 水中。

（7）次氯酸钠使用液，ρ (有效氯)=3.5 g/L，c (游离碱)=0.75 mol/L。

取适量经标定的次氯酸钠（4.6），用水和 2 mol/L 氢氧化钠溶液（4.7）稀释成含有效氯浓度为 3.5 g/L，游离碱浓度为 0.75 mol/L（以 NaOH 计）的次氯酸钠使用液（根据标定结果计算需要的稀释倍数或需要补加的氢氧化钠的体积），存放于棕色滴瓶内。本试剂可稳定一周。

（8）氯化铵标准贮备液，ρ =1 000 μg/mL。

称取 0.785 5 g 氯化铵（NH_4Cl，优级纯，在 100～105℃干燥 2 h）溶解于水，移入 250 mL 容量瓶中，用水稀释到标线，可在 2～5℃保存 1 个月。

（9）氯化铵标准使用液，ρ =10 μg/mL。

吸取氯化铵标准贮备液 5.0 mL，于 500 mL 容量瓶中，用水稀释到标线，现配现用。

4. 样品

（1）采样管的准备

应选择气密性好、阻力和吸收效率合格的吸收管清洗干净并烘干备用。在采样前装入吸收液并密封避光保存。

（2）样品采集

采样系统由干燥管、吸收管和气体采样泵组成，吸收管中装有 10 mL 吸收液。采样时应带采样全程空白采样管。

恶臭源厂界采样：以 1.0 L/min 的流量，采气 1～4 L，采样时注意恶臭源下风向，收集恶臭感觉强烈时的样品。

环境空气采样：以 0.5～1.0 L/min 的流量，采气至少 45 min。

（3）样品保存

采样后应尽快分析，以防止吸收空气中的氨。若不能立即分析，2～5℃可保存 7 d。

5. 分析步骤

（1）绘制标准曲线，取 7 支具塞 10 mL 比色管按表 4-6 制备标准色列。

表 4-6　标准色列

管号	0	1	2	3	4	5	6
氯化铵标准溶液/mL	0.00	0.20	0.40	0.60	0.80	1.00	1.20
氯质量/μg	0	2.0	4.0	6.0	8.0	10.0	12.0

各管用水稀释至 10 mL，分别加入 1.00 mL 水杨酸-酒石酸钾钠溶液，2 滴亚硝基铁氰化钠溶液，2 滴次氯酸钠使用液，摇匀，放置 1 h。用 10 mm 比色皿，于波长 697 nm 处，以水为参比，测定吸光度。以扣除试剂空白的吸光度为纵坐标，氨含量（μg）为横坐标，绘制标准曲线。

（2）样品测定

采样后补加适量水，将样品溶液定容至 10 mL。准确吸取一定量样品溶液（吸取量视样品浓度而定）于 10 mL 比色管中，用吸收液稀释至 10 mL，加入 1.0 mL 水杨酸-酒石酸钾钠溶液，2 滴亚硝基铁氰化钠溶液，2 滴次氯酸钠使用液，摇匀，放置 1 h。用 10 mm 比色皿，于波长 697 nm 处，以水为参比，测定吸光度。

（3）空白实验

吸收液空白：用与样品同批配制的吸收液代替样品，按照（2）测定吸光度。

采样全程空白：即在采样管中加入与样品同批配制的相应体积的吸收液，带到采样场、未经采样的吸收液，按照（2）测定吸光度。

6. 结果的计算

（1）将采样体积换算成标准状态下采样体积。

（2）氨的含量由下式进行计算：

$$\rho_{NH_3} = \frac{(A - A_0 - a) \times V_s}{b \times V_{nd} \times V_0}$$

式中，ρ_{NH_3}—— 氨含量，mg/m^3；

A —— 样品溶液的吸光度；
A_0 —— 与样品同批配制的吸收液空白的吸光度；
a —— 校准曲线截距；
b —— 校准曲线斜率；
V_s —— 样品吸收液总体积，mL；
V_0 —— 分析时所取吸收液体积，mL；
V_{nd} —— 所采气样标准体积（101.325 kPa，273.15 K），L；

三、空气中二氧化氮的测定

空气中二氧化氮的测定通常采用改进的 Saltzman 法[①]。

（一）原理

空气中的二氧化氮，在采样吸收过程中生成的亚硝酸，与对氨基苯磺酰胺进行重氮化反应，再与 *N*-（1-萘基）乙二胺盐酸盐作用，生成紫红色的偶氮染料。根据其颜色的深浅，比色定量。

测定范围：对于短时间采样（60 min 以内），测定范围为 10 mL 样品溶液中含 0.15～7.5 mg NO_2^-。若以采样流量 0.4 L/min 采气时，可测质量浓度范围为 0.03～1.7 mg/m^3；对于 24 h 采样，测定范围为 50 mL 样品溶液中含 0.75～37.5 μg NO_2^-。若采样流量 0.2 L/min，采气 288 L 时，可测质量浓度范围为 0.003～0.15 mg/m^3。

检出下限：检出下限（NO_2^-/吸收液）为 0.015 μg/mL，若采样体积 5 L，最低检出质量浓度 0.03 $\mu g/m^3$。

（二）仪器

1. 吸收管：根据采样周期不同，采用两种不同体积的吸收管。

多孔玻板吸收管：用于在 60 min 之内样品采集，可装 10 mL 吸收液。在流量 0.4 L/min 时，吸收管的滤板阻力应为 4～5 kPa，通过滤板后的气泡应分散均匀。

大型多孔玻板吸收管：用于 1～24 h 样品采集，可装吸收液 50 mL，在流量 0.2 L/min 时，吸收管的滤板阻力为 3～5 kPa，通过滤板后的气泡应分散均匀。

2. 空气采样器：流量范围为 0.2～0.5 L/min，流量稳定。使用时，用皂膜计校准采样系列在采样前和采样后的流量，误差应小于 5%。

3. 分光光度计：用 10 mm 比色皿，在波长 540～550 nm 处测吸光度。

4. 渗透管配气装置。

（三）试剂

所有试剂均为分析纯，但亚硝酸钠应为优级纯（一级）。所用水为无 NO_2 的二次蒸馏水，即一次蒸馏水中加少量氢氧化钡和高锰酸钾再重蒸馏，制的水的质量以不使吸收液呈淡红色为合格。

---

① 本方法参考《环境空气 二氧化氮的测定 Saltzman 法》（GB/T 15435—1995）。

1. N-（1-萘基）乙二胺盐酸贮备液：称取 0.45 g N-（1-萘基）乙二胺盐酸盐，溶于 500 mL 水中。

2. 吸收液：称取 4.0 g 对氨基苯磺酰胺、10 g 酒石酸和 100 mg 乙二胺四乙酸二钠盐，溶于 400 mL 热的水中。冷却后，移入 1 L 容量瓶中。加入 100 mL N-（1-萘基）乙二胺盐酸盐贮备液，混匀后，用水稀释到刻度。此溶液存放在 25℃暗处可稳定 3 个月，若出现淡红色，表示已被污染，应弃之重配。

3. 显色液：称取 4.0 g 对氨基苯磺酰胺、10 g 酒石酸与 100 mg 乙二胺四乙酸二钠盐，溶于 400 mL 热水中。冷却至室温，移入 500 mL 容量瓶中，加入 90 mg N-（1-萘基）乙二胺盐酸盐，用水稀释至刻度。显色液保存在暗处 25℃以下，可稳定 3 个月。如出现淡红色，表示已被污染，应弃之重配。

4. 亚硝酸钠标准溶液

（1）亚硝酸钠标准贮备液：精确称量 375.0 mg 干燥的一级亚硝酸钠和 0.2 g 氢氧化钠，溶于水中移入 1 L 容量瓶中，并用水稀释到刻度。此标准溶液的质量浓度为 1.00 mL 含 250 μg NO_2^-保存在暗处，可稳定 3 个月。

（2）亚硝酸钠标准工作液：精确量取亚硝酸钠标准贮备液 10.00 mL，于 1 L 容量瓶中，用水稀释到刻度，此标准溶液 1.00 mL 含 2.5 μg NO_2^-。此溶液应在临用前配制。

5. 二氧化氮渗透管：购置经准确标定的二氧化氮渗透管，渗透率在 0.1～2 μg/min，确定度为 2%。

（四）采样

1. 短时间采样（如 30 min）：用多孔玻板吸收管，内装 10 mL 吸收液。标记吸收液的液面位置，以 0.4 L/min 流量，采气 5～25 L。

2. 长时间采样（如 24 h）：用大型多孔玻板吸收管，内装 50 mL 吸收液。标记吸收液的液面位置，以 0.2 L/min 流量，采气 288 L。

采样期间吸收管应避免阳光照射。样品溶液呈粉红色，表明已吸收了 NO_2。采样期间，可根据吸收液颜色程度，确定是否终止采样。

（五）分析步骤

1. 标准曲线的绘制

（1）用亚硝酸钠标准液制备标准曲线

① 取 6 个 25 mL 容量瓶，按 4-7 表制备标准系列。

表 4-7　亚硝酸钠标准系列

管　　号	1	2	3	4	5	6
标准工作液/mL	0.00	0.70	1.00	3.00	5.00	7.00
$\rho_{NO_2^-}$ /（μg/mL）	0.00	0.07	0.10	0.30	0.50	0.70

各瓶中，加入 12.5 mL 显色液，再加水到刻度，混匀，放置 15 min。

② 用 10 mm 比色皿，在波长 540～550 nm 处，以水作参比，测定各瓶溶液的吸光度，

以 NO_2^- 质量浓度（μg/mL）为横坐标，吸光度为纵坐标，绘制标准曲线，并计算回归直线的斜率。以斜率的倒数作为样品测定时的计算因子 B_s[μg/(mL·吸光度)]。

（2）用二氧化氮标准气绘制标准曲线

① 将已知渗透率的二氧化氮渗透管，在标定渗透率的温度下，恒温 24 h 以上，用纯氮气以较小的流量（约 250 mL/min）将渗透出来的二氧化氮带出，与纯空气进行混合和稀释，配制 NO_2 标准气体。调节空气的流量，得到不同浓度的二氧化氮标准气体，用下式计算 NO_2 标准气体的质量浓度。

$$\rho = P/(F_1+F_2)$$

式中，ρ——在标准状况下二氧化氮标准气体的质量浓度，mg/m^3；

P——二氧化氮渗透管的渗透率，μg/min；

F_1——标准状况下氮气流量，L/min；

F_2——标准状况下稀释空气的流量，L/min。

在可测质量浓度范围内，至少制备 4 个质量浓度点的标准气体，并以零质量浓度气体作试剂空白测定。各种质量浓度标准气体，按常规采样的操作条件，采集一定体积的标准气体，采样体积应与预计在现场采集空气样品的体积相接近（如采样流量 0.4 L/min，采气体积 5 L）。

② 按（1）中②的操作，测出各种质量浓度点的吸光度，以二氧化氮标准气体的质量浓度（mg/m^3）为横坐标，吸光度为纵坐标，绘制标准曲线，并计算回归直线斜率的倒数，作为样品测定时的计算因子 B_g[$mg/(m^3$·吸光度)]。

2. 样品分析

采样后，用水补充到采样前的吸收液体积，放置 15 min，按（1）中②的操作，测定样品溶液的吸光度 A，并用未采过样的吸收液测定试剂空白的吸光度 A_0。若样品溶液吸光度超过测定范围，应用吸收液稀释后再测定。计算时，要考虑到样品溶液的稀释倍数。

（六）计算

1. 将气样体积换算成标准状态下的采样体积。

2. 空气中的二氧化氮质量浓度计算

（1）用亚硝酸钠标准液制备标准曲线时，空气中二氧化氮质量浓度用下式计算：

$$\rho = (A - A_0) \times B_s \times V_1 \times D / (V_0 \times K)$$

式中，ρ——空气中的二氧化氮质量浓度，mg/m^3；

K——$NO_2 \rightarrow NO_2^-$ 的经验转换系数，0.89；

B_s——由（五）（2）中的②测得的计算因子，μg/(mL·吸光度)；

A——样品溶液的吸光度；

A_0——试剂空白吸光度；

V_1——采样用的吸收液的体积（如短时间采样为 10 mL，24 h 采样为 50 mL）；

D——分析时样品溶液的稀释倍数。

（2）用二氧化氮标准气制备标准曲线时，空气中的二氧化氮质量浓度用下式计算：

$$\rho=(A-A_0)\times B_g\times D$$

式中，ρ——空气中二氧化氮质量浓度，mg/m^3；

A——样品溶液吸光度；

A_0——试剂空白的吸光度；

B_g——由（五）（2）中的②得到的计算因子，$mg/(m^3\cdot$吸光度)。

四、空气中二氧化硫的测定

空气中二氧化硫的测定通常采用甲醛溶液吸收-盐酸副玫瑰苯胺分光光度法。[①]

（一）原理

二氧化硫被甲醛缓冲溶液吸收后，生成稳定的羟甲基磺酸加成化合物，在样品溶液中加入氢氧化钠使加成化合物分解，释放出的二氧化硫与副玫瑰苯胺、甲醛作用，生成紫红色化合物，用分光光度计在波长 577 nm 处测量吸光度。

当使用 10 mL 吸收液，采样体积为 30 L 时，测定空气中二氧化硫的检出限为 0.007 mg/m^3，测定下限为 0.028 mg/m^3，测定上限为 0.667 mg/m^3。当使用 50 mL 吸收液，采样体积为 288 L，试份 10 mL 时，测定空气中二氧化硫的检出限为 0.004 mg/m^3，测定下限为 0.014 mg/m^3，测定上限为 0.347 mg/m^3。

（二）仪器

1. 分光光度计。
2. 多孔玻板吸收管：10 mL 的多孔玻板吸收管用于短时间采样；50 mL 多孔玻板吸收管用于 24 h 连续采样。
3. 恒温水浴：0～40℃，控制精度为±1℃。
4. 具塞比色管：10 mL

用过的比色管和比色皿应及时用盐酸-乙醇清洗液（4.19）浸洗，否则红色难以洗净。

5. 空气采样器

用于短时间采样的普通空气采样器，流量范围 0.1～1 L/min，应具有保温装置。用于 24 h 连续采样的采样器应具备有恒温、恒流、计时、自动控制开关的功能，流量范围 0.1～0.5 L/min。

（三）试剂

1. 氢氧化钠溶液，c (NaOH)＝1.5 mo1/L：称取 6.0 gNaOH，溶于 100 mL 水中。
2. 环己二胺四乙酸二钠溶液，c (CDTA-2Na)＝0.05 mo1/L：称取 1.82 g 反式-1,2-环己二胺四乙酸[（trans-l,2-cyclohexylenedinitilo）tetraacetic acid，简称 CDTA-2Na]，加入氢氧化钠溶液 6.5 mL，用水稀释至 100 mL。
3. 甲醛缓冲吸收贮备液：吸取 36%～38%的甲醛溶液 5.5 mL，CDTA-2Na 溶液

① 本方法参考《环境空气　二氧化硫的测定　甲醛吸收-副玫瑰苯胺分光光度法》（HJ 482—2009）。

20.00 mL；称取 2.04 g 邻苯二甲酸氢钾，溶于少量水中；将三种溶液合并，再用水稀释至 100 mL，贮于冰箱可保存 1 年。

4. 甲醛缓冲吸收液；用水将甲醛缓冲吸收贮备液（4.4）稀释 100 倍。临用时现配。

5. 氨磺酸钠溶液，$\rho(NaH_2NSO_3)$=6.0 g/L：称取 0.60 g 氨磺酸[H_2NSO_3H]置于 100 mL 烧杯中，加入 4.0 mL 氢氧化钠，用水搅拌至完全溶解后稀释至 100 mL，摇匀。此溶液密封可保存 10 d。

6. 碘贮备液，c=（1/2 I_2）；0.1 mol/L：称取 12.7 g 碘（I_2）于烧杯中，加入 40 g 碘化钾和 25 mL 水，搅拌至完全溶解，用水稀释至 1 000 mL，贮存于棕色细口瓶中。

7. 碘溶液，c（1/2 I_2）＝0.010 mol/L：量取碘贮备液 50 mL，用水稀释至 500 mL，贮于棕色细口瓶中。

8. 淀粉溶液，0.5 g/100 mL：称取 0.5 g 可溶性淀粉，用少量水调成糊状，慢慢倒入 100 mL 沸水，继续煮沸至溶液澄清，冷却后贮于试剂瓶中。

9. 碘酸钾基准溶液，$c(1/6KIO_3)$＝0.100 0 mol/L：准确称取 3.566 7 g 碘酸钾（KIO_3 优级纯，经 110℃干燥 2 h）溶于水，移入 1 000 mL 容量瓶中，用水稀释至标线，摇匀。

10. 盐酸溶液（1+9）。

11. 硫代硫酸钠标准贮备液，$c(Na_2S_2O_3)$＝0.10 mol/L：称取 25.0 g 硫代硫酸钠（$Na_2S_2O_3 \cdot 5H_2O$），溶于 1 000 mL 新煮沸但已冷却的水中，加入 0.2 g 无水碳酸钠，贮于棕色细口瓶中，放置一周后备用。如溶液呈现混浊，必须过滤。

标定方法：吸取三份 20.00 mL 碘酸钾基准溶液分别置于 250 mL 碘量瓶中，加 70 mL 新煮沸但已冷却的水，加 1 g 碘化钾，振摇至完全溶解后，加 10 mL 盐酸溶液，立即盖好瓶塞，摇匀。于暗处放置 5 min 后，用硫代硫酸钠标准贮备液溶液滴定溶液至浅黄色，加 2 mL 淀粉溶液，继续滴定溶液至蓝色刚好褪去为终点。硫代硫酸钠标准溶液的摩尔浓度按下式计算：

$$c=\frac{0.100\,0\times 20.00}{V}$$

式中，c—— 硫代硫酸钠标准溶液的浓度，mol/L；

V—— 滴定所耗硫代硫酸钠标准贮备液的体积，mL。

12. 硫代硫酸钠标准溶液，$c(Na_2S_2O_3)$=0.01 mol/L±0.000 01 mol/L：取 50 mL 硫代硫酸钠标准贮备液置于 500 mL 容量瓶中，用新煮沸但已冷却的水稀释至标线，摇匀。

13. 乙二胺四乙酸二钠盐（EDTA-2Na）溶液，ρ=0.50 g/L：称取 0.25 g 乙二胺四乙酸二钠盐 EDTA（$C_{10}H_{14}N_2O_8Na_2 \cdot 2H_2O$）溶于 500 mL 新煮沸但已冷却的水中。临用时现配。

14. 亚硫酸钠溶液，$\rho(Na_2SO_3)$=1 g/L：称取 0.2 g 亚硫酸钠（Na_2SO_3），溶于 200 mL EDTA-2Na 溶液中，缓缓摇匀以防充氧，使其溶解。放置 2～3 h 后标定。此溶液每毫升相当于 320～400 μg 二氧化硫。

标定方法：

a. 取 6 个 250 mL 碘量瓶（A_1、A_2、A_3、B_1、B_2、B_3），分别加入 50.0 mL 碘溶液。在 A_1、A_2、A_3 内各加入 25 mL 水，在 B_1、B_2 内加入 25.00 mL 亚硫酸钠溶液盖好瓶盖。

b. 立即吸取 2.00 mL 亚硫酸钠溶液加到一个已装有 40～50 mL 甲醛吸收液的 100 mL

容量瓶中，并用甲醛吸收液稀释至标线、摇匀。此溶液即为二氧化硫标准贮备溶液，在4～5℃下冷藏，可稳定6个月。

c. 紧接着再吸取25.00 mL亚硫酸钠溶液加入B_3内，盖好瓶塞。

d. A_1、A_2、A_3、B_1、B_2、B_3六个瓶子于暗处放置5 min后，用硫代硫酸钠溶液滴定至浅黄色，加5 mL淀粉指示剂，继续滴定至蓝色刚刚消失。平行滴定所用硫代硫酸钠溶液的体积之差应不大于0.05 mL。

二氧化硫标准贮备溶液的质量浓度按下式计算：

$$\rho = \frac{\left(\overline{V}_0 - \overline{V}\right) \times c_2 \times 32.02 \times 1\,000}{25.00} \times \frac{2.00}{100}$$

式中，ρ—— 二氧化硫标准贮备溶液的质量浓度，μg/mL；

$\overline{V}_0$—— 空白滴定所用硫代硫酸钠标准溶液的体积，mL；

$\overline{V}$—— 样品滴定所用硫代硫酸钠标准溶液的体积，mL；

c_2—— 硫代硫酸钠标准溶液的浓度，mol/L；

32.02—— 1/2二氧化硫（1/2 SO_2）的摩尔质量，g/mol。

15. 氧化硫标准溶液，ρ(Na_2SO_3)=1.00 μg/ml：用甲醛吸收液将二氧化硫标准贮备溶液稀释成每毫升含1.0 μg二氧化硫的标准溶液。此溶液用于绘制标准曲线，在4～5℃下冷藏，可稳定1个月。

16. 盐酸副玫瑰苯胺（Pararosaniline，简称PRA，即副品红或对品红）贮备液，ρ=0.2 g/100 mL。其纯度应达到副玫瑰苯胺提纯及检验方法的质量要求。

17. 副玫瑰苯胺溶液，0.050 g/100 mL：吸取25.00 mL副玫瑰苯胺贮备液于100 mL容量瓶中，加30 mL 85%的浓磷酸，12 mL浓盐酸，用水稀释至标线，摇匀，放置过夜后使用，避光密封保存。

18. 副玫瑰苯胺溶液，ρ=0.050 g/100 mL：吸取25.00 mL副玫瑰苯胺贮备液于100 mL容量瓶中，加30 mL 85%的浓磷酸，12 mL浓盐酸，用水稀释至标线，摇匀，放置过夜后使用。避光密封保存。

19. 盐酸-乙醇清洗液：由三份（1+4）盐酸和一份95%乙醇混合配制而成，用于清洗比色管和比色皿。

（四）采样及样品保存

1. 短时间采样，采用内装10 mL吸收液的多孔玻板吸收管，以0.5 L/min的流量采气45～60 min。吸收液温度保持在23～29℃范围。

2. 24 h连续采样，用内装50 mL吸收液的多孔玻板吸收瓶，以0.2 L/min的流量连续采样24 h。吸收液温度须保持在23～29℃范围。

3. 现场空白：将装有吸收液的采样管带到采样现场，除了不采气之外，其他环境条件与样品相同。

注1：样品采集、运输和贮存过程中应避免阳光照射。

注2：放置在室（亭）内的24 h连续采样器，进气口应连接符合要求的空气质量集中采样管路系统，以减少二氧化硫进入吸收瓶前的损失。

（五）分析步骤

1. 校准曲线的绘制

取 14 支 10 mL 具塞比色管，分 A、B 两组，每组 7 支，分别对应编号。A 组按表 4-8 配制校准溶液系列。

表 4-8 二氧化硫标准系列

管号	0	1	2	3	4	5	6
二氧化硫标准溶液/mL	0	0.50	1.00	2.00	5.00	8.00	10.00
甲醛缓冲吸收液/mL	10.00	9.50	9.00	8.00	5.00	2.00	0
二氧化硫质量浓度/（μg/10 mL）	0	0.50	1.00	2.00	5.00	8.00	10.00

在 A 组各管中分别加入 0.5 mL 氨磺酸钠溶液和 0.5 mL 氢氧化钠溶液，混匀。

在 B 组各管中分别加入 1.00 mL PRA 溶液。

将 A 组各管的溶液迅速地全部倒入对应编号并盛有 PRA 溶液的 B 管中，立即加塞混匀后放入恒温水浴装置中显色。在波长 577 nm 处，用 10 mm 比色皿，以水为参比测量吸光度。以空白校正后各管的吸光度为纵坐标，以二氧化硫的质量浓度（μg/10 mL）为横坐标，用最小二乘法建立校准曲线的回归方程。

显色温度与室温之差应不超过 3℃，根据季节和环境条件按表 4-9 选择合适的显色温度与显色时间。

表 4-9 显色温度与时间

显色温度/℃	10	15	20	25	30
显色时间/min	40	25	20	15	5
稳定时间/min	35	25	20	15	10
试剂空白吸收光度 A_0	0.030	0.035	0.040	0.050	0.060

2. 样品测定

① 样品溶液中如有混浊物。则应离心分离除去。

② 样品放置 20 min，以使臭氧分解。

③ 短时间采集的样品：将吸收管中的样品溶液移入 10 mL 比色管中，用少量甲醛吸收液洗涤吸收管，洗液并入比色管中并稀释至标线。加入 0.5 mL 氨磺酸钠溶液，混匀，放置 10 min 以除去氮氧化物的干扰。以下步骤同校准曲线的绘制。如样品吸光度超过校准曲线上限，则可用试剂空白溶液稀释，在数分钟内再测量其吸光度，但稀释倍数不要大于 6。

④ 连续 24 h 采集的样品：将吸收瓶中样品移入 50 mL 容量瓶（或比色管）中，用少量甲醛吸收液洗涤吸收瓶后再倒入容量瓶（或比色管）中，并用吸收液稀释至标线。吸取适当体积的试样（视浓度高低而决定取 2～10 mL）于 10 mL 比色管中，再用吸收液稀释至标线，加入 0.5 mL 氨磺酸钠溶液，混匀，放置 10 min 以除去氮氧化物的干扰，以下步骤同校准曲线的绘制。

（六）结果表示

空气中二氧化硫的质量浓度按下式计算：

$$\rho\left(SO_2,\text{mg/m}^3\right)=\frac{A-A_0-a}{b\times V_s}\times\frac{V_t}{V_a}$$

式中，ρ —— 空气中二氧化硫的质量浓度，mg/m^3；

A —— 样品溶液的吸光度；

A_0 —— 试剂空白溶液的吸光度；

b —— 校准曲线的斜率，吸光度·10 mL/μg；

a —— 校准曲线的截距（一般要求小于 0.005）；

V_t —— 样品溶液的总体积，mL；

V_a —— 测定时所取试样的体积，mL；

V_s —— 换算成标准状态下（101.325 kPa，273.15 K）的采样体积，L。

计算结果准确到小数点后三位。

五、空气中一氧化碳的测定

空气中一氧化碳的测定方法通常有以下四种。

（一）非分散红外吸收法[①]

1. 原理

一氧化碳对以 4.5 μm 为中心波段的红外辐射具有选择性吸收，在一定浓度范围内，吸收值与一氧化碳浓度呈线性关系，根据吸收值确定样品中一氧化碳质量浓度。

方法测定范围为 0～62.5 mg/m^3；检出限为 1.25 mg/m^3。

2. 仪器

（1）聚乙烯塑料采气袋、铝箔采气袋或衬铝塑料采气袋；

（2）弹簧夹；

（3）双联球；

（4）非分散红外一氧化碳分析仪；

（5）记录仪 0～10 mV。

3. 试剂

（1）高纯氮气 99.99%；

（2）变色硅胶；

（3）无水氯化钙；

（4）霍加拉特管；

（5）一氧化碳标准气。

4. 采样

用双联球将现场空气抽入采气袋中，洗 3～4 次，采气 500 mL，夹紧进气口。

---

① 本方法参考《空气质量　一氧化碳的测定　非分散红外法》（GB 9801—1988）。

5. 步骤

（1）启动：仪器接通电源，稳定 1～2 h，将高纯氮气连接在仪器进气口，进行零点校准。

（2）校准：将一氧化碳标准气连接在仪器进气口，使仪表指针指示在满刻度的 95%，重复 2～3 次。

（3）样品测定：将采气袋连接在仪器进气口，由仪表指示出一氧化碳的体积分数（ppm）①。

6. 计算

$$\rho(CO)=1.25\varphi$$

式中，φ——空气中一氧化碳体积分数，ppm；

1.25——一氧化碳体积分数从 ppm 换算为标准状态下质量浓度（mg/m^3）的换算系数；

7. 说明

（1）仪器启动后，必须充分预热，稳定 1～2 h 以上，再进行样品测定，否则影响测定的标准度。

（2）仪器一般用高纯氮气调零，也可以用经霍加拉特管（加热到 90～100℃）净化后的空气调零。

（3）为了确保仪器的灵敏度，在测定时，使空气样品经硅胶干燥后再进入仪器，防止水蒸气对测定的影响。

（4）仪器可连续测定。用聚四氟乙烯管将被测空气引入仪器中，接上记录仪，可进行 24 h 或长期监测空气中一氧化碳体积分数变化情况。

（二）不分光红外线气体分析法②

1. 原理

一氧化碳对不分光红外线具有选择性的吸收。在一定范围内，吸收值与一氧化碳体积分数呈线性关系。根据吸收值确定样品中一氧化碳的体积分数。

方法测量范围：0～30 ppm；0～100 ppm 两挡。

检出下限：最低检出体积分数为 0.1 ppm。

2. 试剂

一氧化碳标准气体。

3. 仪器和设备

一氧化碳不分光红外线气体分析仪。

4. 采样

用聚乙烯薄膜采气袋，抽取现场空气冲洗 3～4 次，采气 0.5 L 或 1.0 L，密封进气口，带回实验室分析。也可以将仪器带到现场间歇进样，或连续测定空气中一氧化碳体积分数。

① ppm 为仪表指示单位，1ppm=1μL/L。

② 本方法参考《公共场所卫生检验方法　第 2 部分：化学污染物》（GB/T 18204.2—2014）。

5. 分析步骤

（1）仪器的启动和校准

① 启动的零点校准：仪器接通电源稳定 30 min～1 h 后，用高纯氮气或空气经霍加拉特氧化管和干燥管进入仪器进气口，进行零点校准。

② 终点校准：用一氧化碳标准气（如 30 ppm）进入仪器进样口，进行终点刻度校准。

③ 零点与终点校准复复 2～3 次，使仪器处于正常工作状态。

（2）样品测定

将空气样品的聚乙烯薄采气袋接在装有变色硅胶或无水氯化钙的过滤器和仪器的进气口相连接，样品被自动抽到气室中，表头指出一氧化碳的体积分数（ppm）。如果仪器带到现场使用，可直接测定现场空气中一氧化碳的体积分数。仪器接上记录仪表，可长期监测空气中一氧化碳体积分数。

6. 结果计算

一氧化碳体积分数φ，可按下列公式换算成标准状态下质量浓度ρ。

$$\rho=\varphi/V_m\times28$$

式中，V_m——标准状态下的气体摩尔体积，L/mol；

28——一氧化碳摩尔质量，g/mol。

当 0℃（101 kPa）时，V_m=22.41 L/mol；当 25℃（101 kPa）时，V_m=24.46 L/mol。

（三）气相色谱法[①]

1. 原理

一氧化碳在色谱柱中与空气的其他成分完全分离后，进入转化炉，在 360℃镍触媒催化作用下，与氢气反应，生成甲烷，用氢火焰离子化检测器测定。

$$CO+3H_2 \xrightleftharpoons{\text{Ni 催化}} CH_4+H_2O$$

测定范围：进样 1 mL 时，测定质量浓度范围是 0.50～50.0 mg/m^3；

检出下限：进样 1 mL 时，最低检出质量浓度为 0.50 mg/m^3。

2. 试剂

（1）碳分子筛：TDX-01，60～80 目，作为固定相。

（2）纯空气。

（3）镍触媒：30～40 目，当 CO＜80 mg/m^3，CO_2＜0.4%时，转化率＞95%。

（4）一氧化碳标准气：一氧化碳质量浓度 12.5～50.0 mg/m^3（铝合金钢瓶装）以氮气为本底气。

3. 仪器与设备

（1）气相色谱仪：配备氢火焰离子化检测器的气相色谱仪。

（2）转化炉；可控温（360±1）℃。

（3）注射器：2 mL，5 mL，10 mL，100 mL。

① 本方法参考《公共场所卫生检验方法　第 2 部分：化学污染物》（GB/T 18204.2—2014）。

（4）兼铝箔复合膜采样袋：容积 400～600 mL。

（5）色谱柱：长 2 m、内径 2 mm 不锈钢管内填充 TDX-01 碳分子筛，柱管两端填充玻璃棉。新装的色谱柱在使用前，应在柱温 150℃，检温器温度 180℃，通氢气 60 mL/min 条件下，老化处理 10 h。

（6）转化柱：长 15 cm、内径 4 mm 不锈钢管内，填充镍触媒（30～40 目），柱管两端塞玻璃棉。转化柱装在转化炉内，一端与色谱柱连通，另一端与检测器相连。使用前，转化柱应在炉温 360℃，通氢气 60 mL/min 条件下，活化 10 h。转化柱老化与色谱柱老化同步进行。当 CO＜180 mg/m^3 时，转化率＞95%。

4. 采样

用橡胶二连球，将现场空气打入采样袋内，使之胀满后放掉。如此反复 3～4 次，最后一次打满后，密封进样口，并写上标签，注明采样地点和时间等。

5. 分析步骤

（1）色谱分析条件

由于色谱分析条件常因实验条件不同而有差异，所以应根据所用气相色谱仪的型号和性能，制定能分析一氧化碳的最佳的色谱分析条件。

（2）绘制标准曲线和测定校正因子

在作样品分析时的相同条件下，绘制标准曲线或测定校正因子。

① 配制标准气

在 5 支 100 mL 注射器中，用纯空气将已知浓度的一氧化碳标准气体，稀释成 0.4～40 ppm（0.5～50 mg/m^3）范围的 4 个浓度点的气体。另取纯空气作为零浓度气体。

② 绘制标准曲线

每个浓度的标准气体，分别通过色谱仪的六通进样阀，量取 1 mL 进样，得到各个浓度的色谱峰和保留时间。每个浓度做 3 次，测量色谱峰高的平均值。以峰高（mm）作纵坐标，体积分数（μL/L）为横坐标，绘制标准曲线，并计算中心回归的斜率，以斜率倒数 B_g［（μL/L）/mm］作样品测定的计算因子。

③ 测定校正因子

用单点校正法求校正因子。取与样品空气中含一氧化碳体积分数相接近的标准气体。测量色谱峰的平均峰高（mm）和保留时间。用下式计算校正因子（f）：

$$f = h_0 / \varphi_0$$

式中，f——校正因子，（μL/L）/mm；

φ_0——标准气体体积分数，μL/L；

h_0——平均峰高，mm。

（3）样品分析

通过色谱仪六通进样阀，进样品空气 1 mL，以保留时间定性，测量一氧化碳的峰高。每个样品作三次分析，求峰高的平均值，并记录分析时的气温和大气压力。高体积分数样品，应用清洁空气稀释至小于 40 ppm（50 mg/m^3），再分析。

6. 结果计算

（1）用标准曲线法查标准曲线定量，或由下式计算空气中一氧化碳体积分数。

$$\varphi(\mathrm{CO})=h\times B_g$$

式中，φ(CO)——样品空气中一氧化碳体积分数，μL/L；

h——样品峰高的平均值，mm；

B_g——计算因子，（μL/L）/mm。

（2）用校正因子按下式计算体积分数：

$$\varphi=h\times f$$

式中，φ——样品空气中一氧化碳体积分数，μL/L；

h——样品峰高的平均值，mm；

f——校正因子，（μL/L）/mm。

（3）一氧化碳体积分数φ可按下式换算成标准状态下的质量浓度ρ：

$$\rho(\mathrm{CO})=\varphi/V_m\times28$$

（四）汞置换法[①]

1. 原理

经净化后的含一氧化碳（去除干扰物、水蒸气）的空气样品与氧化汞在 180～200℃下反应，置换出汞蒸气。根据汞吸收波长 253.7 nm 紫外线的特点，利用光电转换检测出汞蒸气含量，再将其换算成一氧化碳体积分数。

反应式如下：CO（气）+HgO（固）⟶ Hg（蒸气）+ CO_2（气）

测定范围：进样量 50 mL 时，0.02～1.25 mg/m^3；

进样量 10 mL 时，0.02～12.5 mg/m^3；

进样量 5 mL 时，0.02～31.3 mg/m^3；

进样量 2 mL 时，0.02～62.5 mg/m^3；

方法检出限：进样量 50 mL 时，0.02 mg/m^3。

2. 仪器

（1）聚乙烯塑料采气袋，铝箔采气袋或衬铝塑料采气袋；

（2）双联球、弹簧夹；

（3）一氧化碳测定仪。

3. 采样

用聚乙烯塑料袋，抽取现场空气冲洗 3～4 次，采气 500 mL，密封进气口，带回实验室在 24 h 内进行测定。

4. 操作步骤

（1）仪器的安装与检漏

① 安装：正确连接气路，电源开关置“关”的位置。

② 检漏：仪器进气口与空气钢瓶相连接，仪器出气口封死。打开钢瓶阀门开关，调节

① 本方法参考《公共场所空气中一氧化碳测定方法》（GB/T 18204.23—2000）。

减压阀使压力为 0.2 MPa，此时仪器应无流量指示，30 min 内压力下降不得超过 0.02 MPa。

（2）仪器的启动：将仪器进气口与净化系统相连接，出气口与抽气泵相连接。接通电源，打开温度开关，启动抽气泵，调节流量为 1.5 L/min。旋动温控粗调钮和温控细调钮，使温度升至（180±0.3）℃，预热 1～2 h，待仪器稳定后进行校准。

（3）仪器的校准

① 调零和调满度：接通记录仪电源，将仪器“量程选择”置所需量程挡，调“零点调节”电位器，使电表和记录仪指示零点，调“记录满度”电位器，使电表和记录仪指示满度。

② 量程标定：取与所用量程范围相应浓度的一氧化碳标准气体，经六通阀定量管进样，标准气体的响应值应落在 50%～90%量程范围内，进标准气体三次，测得标准气体响应（峰高或毫状）平均值。

5. 样品测定

将采集在聚乙烯塑料袋中的现场空气样品，同样经六通阀定量管进样三次，测得空气样品的响应（峰高）平均值。

6. 结果计算

（1）空气中一氧化碳体积分数按下式计算

$$\varphi = \varphi_0 / h_0 \cdot h$$

式中，φ——样品空气中一氧化碳体积分数，μL/L；

φ_0——一氧化碳标准气体体积分数，μL/L；

h——样品气中一氧化碳平均响应值，mm 或 mV；

h_0——一氧化碳标准气体平均响应值，mm 或 mV。

（2）用下式将一氧化碳体积分数为φ（μL/L），换算成标准状态下体积分数φ_0（mg/m^3）。

$$\varphi_0 = \varphi / B \cdot 28$$

式中，B——标准状态下的气体摩尔体积。

28——一氧化碳分子量。

六、空气中二氧化碳的测定

空气中二氧化碳的测定方法通常有以下三种。

（一）不分光红外线气体分析法[①]

1. 原理

二氧化碳对红外线具有选择性的吸收。在一定范围内，吸收值与二氧化碳浓度呈线性关系。根据吸收值确定样品中二氧化碳的浓度。

测定范围：0%～0.5%，0%～1.5%两挡；

最低检出限：0.01%。

① 本方法参考《公共场所卫生检验方法　第 2 部分：化学污染物》（GB/T 18204.2—2014）。

2. 仪器和设备

（1）二氧化碳不分光红外线气体分析仪。

（2）记录仪 0～10 mV。

3. 试剂和材料

（1）变色硅胶：于 120℃下干燥 2 h。

（2）无水氯化钙：分析纯。

（3）高纯氮气：纯度 99.99%。

（4）烧碱石棉：分析纯。

（5）塑料铝箔复合薄膜采气袋 0.5 L 或 1.0 L。

（6）二氧化碳标准气体（0.5%）：贮于铝合金钢瓶中［参照《气体分析 校准用混合气体的制备 称量法》（GB/T 5274—2008）］。

4. 采样

用塑料铝箔复合薄膜采气袋，投抽以现场空气冲洗 3～4 次，采气 0.5 L 或 0.1 L，密封进气口，带回实验室分析。也可以将仪器带到现场间歇进样，或连续测定空气中二氧化碳浓度。

5. 分析步骤

（1）仪器的启动和校准

① 启动和零点校准：仪器接通电源后，稳定 30 min～1 h，将高纯氮气或空气经干燥管和烧碱石棉过滤管后，进行零点校准。

② 终点校准：用二氧化碳标准气（如 0.50%）连接在仪器进样口，进行终点刻度校准。

③ 零点与终点校准重复 2～3 次，使仪器处在正常工作状态。

（2）样品测定

将内装空气样品的塑料铝箔复合薄膜采气袋接在装有变色硅胶或无水氯化钙的过滤器和仪器的进气口相连接，样品被自动抽到气室中，表头指出二氧化碳的体积分数（%）。

如果将仪器带到现场，可间歇进样测定。仪器接上记录仪表，可长期监测空气中二氧化碳浓度。

6. 结果计算

仪器的刻度指示经过标准气体校准过的，样品中二氧化碳的浓度，由表头直接读出。

（二）气相色谱法[①]

1. 原理

二氧化碳在色谱柱中与空气的其他成分完全分离后，进入热导检测器的工作臂，使该臂电阻值的变化与参与臂电阻值变化不相等，惠斯登电桥失去平衡而产生信号输出。在线性范围内，信号大小与进入检测器的二氧化碳浓度成正比，从而进行定性与定量测定。

2. 试剂

二氧化碳标准气：含量 1%；高分子多孔聚合物（作色谱固定相）：GDX-102，60～80

---

① 本方法参考《公共场所卫生检验方法 第 2 部分：化学污染物》（GB/T 18204.2—2014）。

目；纯氮气：纯度 99.99%。

3. 仪器与设备

（1）配备有热导检测器的气相色谱仪。

（2）注射器：2 mL，5 mL，10 mL，20 mL，50 mL，100 mL。

（3）塑料铝箔复合膜采样袋：400～600 mL。

（4）色谱柱。

4. 采样

用橡胶二连球将现场空气打入塑铝复合膜采气袋，使之胀满后放掉。如此反复 3～4 次，最后一次打满后，密封进样口，并写上标签，注明采样地点和时间等。

5. 分析步骤

（1）色谱分析条件，根据所用气相色谱仪的型号和性能，制定能分析 CO_2 的最佳分析条件。

（2）绘制标准曲线和测定校正因子

在作样品分析时的相同条件下，绘制标准曲线或测定校正因子。

① 配制标准气

在 5 支 100 mL 注射器内，分别注入 1%二氧化碳标准气体，2 mL、4 mL、8 mL、16 mL、32 mL，再用纯氮气稀释至 100 mL，即得体积分数为 0.02%、0.04%、0.08%、0.16%和 0.32%的气体。另取纯氮气作为零浓度气体。

② 绘制标准曲线

每个浓度的标准气体，分别通过色谱仪的六通进样阀，量取 3 mL 进样，得到各个浓度的色谱峰和保留时间。每个浓度作三次，测量色谱峰高的平均值。以一氧化碳的体积分数（%）对平均峰高（mm）绘制标准曲线，并计算回归线的斜率，以斜率的倒数 B_g（%/mm）作样品测定的计算因子。

③ 测定校正因子

用单点校正法求校正因子。取与样品空气含一氧化碳体积分数相接近的标准气体。测量色谱峰的平均峰高（mm）和保留时间。用下式计算校正因子。

$$f=\varphi_0/h_0$$

式中，f——校正因子，%/mm；

φ_0——标准气体体积分数，%；

h_0——平均峰高，mm。

（3）样品分析

通过色谱仪六通进样阀进样品空气 3 mL，以保留时间定性，测量二氧化碳的峰高。每个样品作三次分析，求峰高的平均值。并记录分析时的气温和大气压力。高浓度样品用纯氮气稀释至小于 0.3%再分析。

6. 结果计算

（1）用标准曲线法查标准曲线定量，或用下式计算体积分数。

$$\varphi=h\times B_g$$

式中，φ——样品空气中二氧化碳体积分数，%；

h——样品峰高的平均值，mm；

B_g——计算因子，%/mm。

（2）用校正因子按下式计算体积分数：

$$\varphi = h \times f$$

式中，φ——样品的空气中二氧化碳体积分数，%；

h——样品峰高的平均值，mm；

f——校正因子，%/mm。

（三）容量滴定法[1]

1. 原理

用过量的氢氧化钡溶液与空气中二氧化碳作用生成碳酸钡沉淀，采样后剩余的氢氧化钡用标准草酸溶液滴至酚酞试剂红色刚褪。由容量法滴定结果和所采集的空气体积，即可测得空气中二氧化碳的体积分数。

测定范围：进样 3 mL 时，测定体积分数范围是 0.02%～0.60%；

检出下限：进样 3 mL 时，最低检出体积分数为 0.014%；

进样 3 mL 时，测定体积分数范围是 0.02%～0.60%；

进样 3 mL 时，最低检出体积分数为 0.014%。

2. 采样

取一个吸收管（事先应充氮或充入经钠石灰处理的空气）加入 50 mL 氢氧化钡吸收液，以 0.3 L/min 流量，采样 5～10 min。采样前后，吸收管的进、出气口均用乳胶管连接以免空气进入。

3. 分析步骤

采样后，吸收管送实验室，取出中间砂蕊管，加塞静置 3 h，使碳酸钡沉淀完全，吸取上清液 25 mL 于碘量瓶中（碘量瓶事先应充氮或充入经碱石灰处理的空气），加入 2 滴酚酞指示剂，用草酸标准液滴定至溶液的着色由红色变为无色，记录所消耗的草酸标准溶液的体积，mL。同时吸取 25 mL 未采样的氢氧化钡吸收液做空白滴定，记录所消耗的草酸标准溶液的体积，mL。

4. 结果计算

（1）将采样体积按下式换算成标准状态下采样体积。

（2）空气中二氧化碳体积分数按下式计算：

$$\varphi = 20 \times (b-a)/V_0$$

式中，φ——空气中二氧化碳体积分数，%；

a——样品滴定所用草酸标准溶液体积，mL；

b——空白滴定所用草酸标准溶液体积，mL；

① 本方法参考《公共场所卫生检验方法　第 2 部分：化学污染物》（GB/T 18204.2—2014）。

V_0——换算成标准状况下的采样体积，L。

七、空气中臭氧的测定

空气中臭氧的测定方法通常有以下两种。

（一）紫外光度法[①]

1. 原理

当样品空气以恒定的流速通过除湿器和颗粒物过滤器进入仪器的气路系统时分成两路，一路为样品空气，一路通过选择性臭氧洗涤器成为零空气，样品空气和零空气在电磁阀的控制下交替进入样品吸收池（或分别进入样品吸收池和参比池），臭氧对 253.7 nm 波长的紫外光有特征吸收。设零空气通过吸收池时检测的光强度为 I_0，样品空气通过吸收池时检测的光强度为 I，则 I/I_0 为透光率。仪器的微处理系统根据朗伯-比尔定律公式，由透光率计算臭氧浓度。这些量之间的关系由下式表示

$$\ln (I / I_0) = -acd$$

式中，I/I_0——臭氧样品的透光率，即样品空气和零空气的光强度之比；

c——采样温度压力条件下臭氧的质量浓度，μg/m³；

d——吸收池的光程，m；

a——臭氧在 253.7 nm 处的吸收系数，$a=1.44\times10^{-5}$ m²/μg。

臭氧的测定范围为 0.03～2 mg/m³。

2. 试剂和材料

（1）采样管线

采样管线须采用玻璃、聚四氟乙烯等不与臭氧起化学反应的惰性材料。

为了缩短样品空气在管线中的停留时间，应尽量采用短的采样管线。实验证明，如果样品空气在管线中停留时间少于 5 s，臭氧损失小于 1%。

（2）颗粒物过滤器

过滤器由滤膜及其支架组成，其材质应选用聚四氟乙烯等不与臭氧起化学反应的惰性材料。

滤膜的材质为聚四氟乙烯，孔径为 5 μm。

一般新滤膜需要经过环境空气平衡一段时间才能获得稳定的读数。

应根据环境中颗粒物浓度和采样体积定期更换滤膜，一片滤膜最长使用时间不得超过 14 d。当发现在 5～15 min 内臭氧浓度递减 5%～10%时，应立即更换滤膜。

（3）零空气

符合分析校准程序要求的零空气，可以由零气发生装置产生，也可以由零气钢瓶提供。如果使用合成空气，其中氧的浓度应为合成空气的 20.9%±2%。

来源不同的零空气可能含有不同的残余物质从而产生不同的紫外吸收。因此，向紫外光度计提供的零空气必须与校准臭氧浓度时臭氧发生器所用的零空气为同一来源。

---

① 本方法参考《公共场所卫生检验方法　第 2 部分：化学污染物》（GB/T 18204.2—2014）。

3. 仪器

（1）环境臭氧分析仪

（2）校准用主要设备

① 紫外校准光度计（UV calibration photometer）

紫外校准光度计的构造和原理与环境臭氧分析仪相似，其准确度优于±0.5%，重复性小于 1%。但没有内置去除臭氧的涤气器。因此提供给校准仪的零空气必须与臭氧发生器的零空气为同一来源。

该仪器用于校准臭氧的传递标准或环境臭氧分析仪，只使用洁净的经过除湿过滤的校准气体，不适用于测定环境空气。该仪器应每年用臭氧标准参考光度计（SRP）比对或校准一次。

有的紫外校准光度计内置零气源、臭氧发生器和准确的流量稀释装置。

② 传递标准

可根据本实验室条件，选择下列传递标准之一作为校准环境臭氧分析仪的工作标准。

紫外臭氧分析仪：构造与环境臭氧分析仪相同。但作为臭氧传递标准使用时，不可同时用于测定环境空气。

带配气装置的臭氧发生器：与零气源连接后，能够产生稳定的接近系统上限浓度的臭氧（0.5 μmol/mol 或 1.0 μmol/mol），能够准确控制进入臭氧发生器的零空气的流量，至少可以对发生的初始臭氧浓度进行 4 级稀释，发生的臭氧浓度用紫外校准光度计或经过上一级溯源的紫外臭氧分析仪测量。该仪器用于对环境臭氧分析仪进行多点校准和单点校准。

③ 输出多支管

输出管线的材质应采用不与臭氧发生化学反应的惰性材料，如硅硼玻璃、聚四氟乙烯等。

为保证管线内外的压力相同，管线应有足够的直径和排气口。为防止空气倒流，排气口在不使用时应封闭。

典型的紫外光度计校准系统见图 4-1。

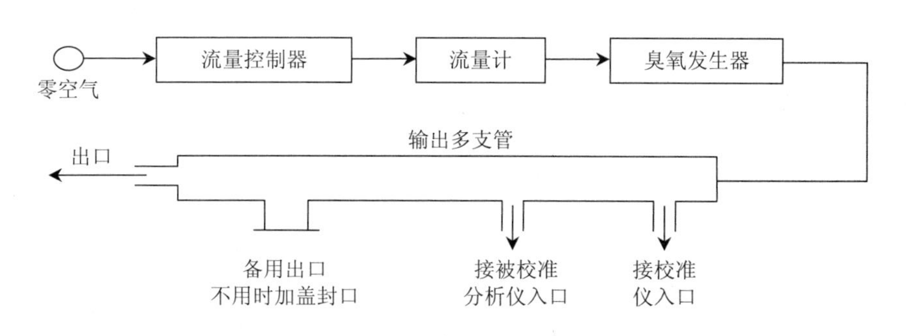

图 4-1　臭氧校准系统

4. 臭氧分析仪的校准

（1）用紫外校准光度计校准传递标准

① 用紫外校准光度计校准臭氧发生器类型的传递标准

按图 4-1 连接零空气、臭氧发生器和紫外校准光度计，调节进入臭氧发生器的零空气流量使产生不同浓度的臭氧，用紫外校准光度计测量其浓度值。输入到输出多支管的空气流量应超过仪器需要总量的20%，并适当超过排气口的大气压力。

严格按仪器说明书操作各仪器，待仪器充分预热后，运行下列校准步骤：

a. 零点调整

引导零空气进入输出多支管，直至获得稳定的响应值（零空气需稳定输出 15 min）。必要时，调节臭氧发生器的零点电位器使读数等于零或进行零补偿。记录紫外校准光度计的输出值（I_0）。

b. 跨度

调节臭氧发生器，使产生所需要的最高浓度的臭氧（0.5 μmol/mol 或 1.0 μmol/mol），稳定后，记录紫外校准光度计的输出值（I）。按式（2）计算相应的臭氧浓度。必要时，调节臭氧发生器的跨度电位器，使其指示的输出读数接近或等于计算的浓度值。如果跨度调节和零点调节相互关联，则应重复步骤（1）和步骤（2），再检查零点和跨度，直至不做任何调节，仪器的响应值均符合要求为止。

使用紫外校准光度计的测量参数，按式（2）计算标准状态下（273.15 K，101.325 kPa）输出多支管中的臭氧浓度：

$$\rho_0=\frac{101.325}{P}\times\frac{T+273.15}{273.15}\times\frac{\ln\left(I/I_0\right)}{1.44\times10^{-5}}\times\frac{1}{d}$$

式中，ρ_0 —— 换算到标准状态下的臭氧浓度，mg/m³；

d —— 一级紫外臭氧校准仪的光程，m；

I/I_0 —— 含臭氧空气的透光率，即样气和零空气的光强度之比；

1.44×10^{-5} —— 臭氧在 253.7 nm 处的吸收系数，m²/μg；

P —— 光度计吸收池压力，kPa；

T —— 光度计吸收池温度，℃；

注：有的紫外臭氧校准仪直接输出臭氧的浓度值，可省略上述计算步骤。

c. 多点校准

调节进入臭氧发生器的零空气流量，在仪器的满量程范围内，至少发生 4 个浓度点的氧（不包括零浓度点和满量程点），对每个浓度点分别测定、记录并计算其稳定的输出值（ρ_i）。以紫外校准光度计的输出值对应臭氧浓度的稀释率绘图。按式（3）计算多点校准的线性误差：

$$E_i=\frac{\rho_0-\rho_i/R}{A_0}\times100\%$$

式中，E_i —— 各浓度点的线性误差，%；

ρ_0 —— 初始臭氧浓度，mg/m³ 或μmol/mol；

ρ_i —— 稀释后测定的臭氧浓度，mg/m³ 或μmol/mol；

R —— 稀释率，等于初始浓度流量除以总流量。

注 1：为评估校准的精密度重复该校准步骤。

注 2：各浓度点的线性误差必须小于±3%，否则，检查流量稀释的准确度。

② 用紫外校准光度计校准臭氧分析仪类型的传递标准

按图 4-1 连接零空气、臭氧发生器、紫外校准光度计和紫外臭氧分析仪，按与①相同的步骤，进行零点调节、跨度调节和多点校准，并分别记录、计算紫外校准光度计的输出值和臭氧分析仪的响应值。以紫外校准光度计的测量值对应臭氧分析仪的响应值，以最小二乘法绘制校准曲线。校准曲线的斜率应在 0.97～1.03，截距应小于满量程的±1%，相关系数应大于 0.999。

（2）用传递标准校准环境臭氧分析仪

按图 4-1 连接零空气、臭氧发生器、环境臭氧分析仪和经过上一级溯源的紫外臭氧分析仪或其他传递标准，按与①相同的步骤，进行零点调节、跨度调节和多点校准，并分别记录环境臭氧分析仪的输出值。以传递标准的参考值对应臭氧分析仪的响应值，以最小二乘法绘制校准曲线。校准曲线的斜率应在 0.95～1.05，截距应小于满量程的±1%，相关系数应大于 0.999。

5. 环境空气中臭氧的测定

在有温度控制的实验室安装臭氧分析仪，以减少任何温度变化对仪器的影响；按生产厂家的操作说明正确设置各种参数，包括 UV 光源灯的灵敏度、采样流速；激活电子温度和压力补偿功能等；向仪器中导入零空气和样气，检查零点和跨度，用合适的记录装置记录臭氧浓度。

6. 结果计算

大多数臭氧分析仪能够测量吸收池内样品空气的温度和压力，并根据测得的数据，自动将采样状态下臭氧的浓度换算为标准状态下的臭氧浓度。否则，需按公式计算：

$$c_0 = c \times \frac{101.325}{P} \times \frac{T + 273.15}{273.15}$$

式中，c_0 —— 换算为标准状态下的臭氧质量浓度，mg/m^3；

c —— 仪器读数，采样温度、压力条件下臭氧的质量浓度，mg/m^3；

P —— 光度计吸收池压力，kPa；

T —— 光度计吸收池温度，℃。

（二）靛蓝二磺酸钠分光光度法[①]

1. 原理

空气中的臭氧，在磷酸盐缓冲溶液存在下，与吸收液中蓝色的靛蓝二磺酸钠等摩尔反应，褪色生成靛蓝二磺酸钠。在 610 nm 处测定吸光度，根据颜色减弱的程度定量测定空气中臭氧的浓度。

当采样体积为 30 L 时，本标准测定空气中臭氧的检出限为 0.010 mg/m^3，测定下限为 0.040 mg/m^3。当采样体积为 30 L 时，吸收液浓度为 2.5 μg/L 或 5.0 μg/L 时，测定上限分别为 0.50 mg/m^3 或 1.00 mg/m^3。当空气中臭氧浓度超过该上限浓度时，可适当减少采样体积。

2. 仪器

① 多孔玻板吸收管：内装 10 mL 吸收液，在流量 0.50 L/min 时，玻板阻力应为 4～5 kPa，气泡分散均匀。

② 空气采样器：流量范围 0～1.0 L/min，流量稳定。使用时，用皂膜流量计校准采样

① 本方法参考《环境空气 臭氧的测定 靛蓝二磺酸钠分光光度法》（HJ 504—2009）。

系统在采样前和采样后的流量，误差应小于 5%。

③ 具塞比色管：10 mL。

④ 恒温水浴。

⑤ 水银温度计：精度为±0.5℃。

⑥ 分光光度计：用 10 mm 比色皿，在波长 610 nm 处测吸光度。

⑦ 双球玻璃管：长 10 cm，两端内径为 6 mm，双球直径为 15 mm。

3. 试剂

除非另有说明，本标准所用试剂均使用符合国家标准的分析纯化学试剂，实验用水为新制备的去离子水或蒸馏水。

（1）溴酸钾标准贮备溶液，$c\,(1/6KBrO_3)$=0.100 0 mol/L：准确称取 1.391 8 g 溴化钾（优级纯，180℃烘 2 h），置烧杯中，加入少量水溶解，移入 500 mL 容量瓶中，用水稀释至标线。

（2）溴酸钾-溴化钾标准溶液，$c\,(1/6KBrO_5)$=0.010 0 mol/L：吸取 10.00 mL 溴酸钾标准贮备溶液（3.1）于 100 mL 容量瓶中，加入 1.0 g 溴化钾（KBr），用水稀释至标线。

（3）硫代硫酸钠标准贮备溶液，$c\,(Na_2S_2O_3)$=0.100 0 mol/L。

（4）硫代硫酸钠标准工作溶液，$c\,(Na_2S_2O_3)$=0.005 00 mol/L：临用前，取硫代硫酸钠标准贮备溶液用新煮沸并冷却到室温的水准确稀释 20 倍。

（5）硫酸溶液，1+6。

（6）淀粉指示剂溶液，ρ=2.0 g/L：称取 0.20 g 可溶性淀粉，用少量水调成糊状，慢慢倒入 100 mL 沸水，煮沸至溶液澄清。

（7）磷酸盐缓冲溶液，$c\,(KH_2PO_4\text{-}Na_2HPO_4)$=0.050 mol/L：称取 6.8 g 磷酸二氢钾（KH_2PO_4）、7.1 g 无水磷酸氢二钠（Na_2HPO_4），溶于水，稀释至 1 000 mL。

（8）靛蓝二磺酸钠（$C_{16}H_8O_8Na_2S_2$）（简称 IDS），分析纯、化学纯或生化试剂。

（9）IDS 标准贮备溶液：称取 0.25 g 靛蓝二磺酸钠溶于水，移入 500 mL 棕色容量瓶内，用水稀释至标线，摇匀，在室温暗处存放 24 h 后标定。此溶液在 20℃以下暗处存放可稳定两周。

标定方法：准确吸取 20.00 mL IDS 标准贮备溶液于 250 mL 碘量瓶中，加入 20.00 mL 溴酸钾-溴化钾溶液，再加入 50 mL 水，盖好瓶塞，在 16℃±1℃生化培养箱（或水浴）中放置至溶液温度与水浴温度平衡时[注 1]，加入 5.0 mL 硫酸溶液，立即盖塞、混匀并开

始计时，于 16℃±1℃暗处放置 35 min±1.0 min 后，加入 1.0 g 碘化钾，立即盖塞，轻轻摇匀至溶解，暗处放置 5 min，用硫代硫酸钠溶液滴定至棕色刚好褪去呈淡黄色，加入 5 mL 淀粉指示剂，继续滴定至蓝色消退，终点为亮黄色。记录所消耗的硫代硫酸钠标准溶液的体积[注 2]。

注 1：达到平衡的时间与温差有关，可以预先用相同体积的水代替溶液，加入碘量瓶中，放入温度计观察达到平衡所需要的时间。

注 2：平行滴定所消耗的硫代硫酸钠标准溶液体积不应大 0.10 mL。

每毫升靛蓝二磺酸钠溶液相当于臭氧的质量浓度ρ (μg/mL)由下式计算：

$$\rho=\frac{c_1V_1-c_2V_2}{V}\times 12.00\times 10^3$$

式中，ρ—— 每毫升靛蓝二磺酸钠溶液相当于臭氧的质量浓度，μg/mL；

c_1—— 溴酸钾-溴化钾标准溶液的浓度，mol/L；

V_1—— 加入溴酸钾-溴化钾标准溶液的体积，mL；

c_2—— 滴定时所用硫代硫酸钠标准溶液的浓度，mol/L；

V_2—— 滴定时所用硫代硫酸钠标准溶液的体积，mL；

V—— IDS 标准贮备溶液的体积，mL；

12.00 —— 1/4 臭氧的摩尔质量（1/4 O_3），g/mol。

（10）IDS 标准工作溶液：将标定后的 IDS 标准贮备液用磷酸盐缓冲液逐级稀释成每毫升相当于 1.00 μg 臭氧的 IDS 标准工作溶液，此溶液于 20℃以下暗处存放可稳定 1 周。

（11）IDS 吸收液：取适量 IDS 标准贮备液，根据空气中臭氧浓度的高低，用磷酸盐缓冲液稀释成每毫升相当于 2.5 μg（或 5.0 μg）臭氧的 IDS 吸收液，此溶液于 20℃以下暗处可保存 1 个月。

4. 采样

（1）样品的采集与保存

用内装 10.00 mL±0.02 mL IDS 吸收液的多孔玻板吸收管，罩上黑色避光套，以 0.5 L/min 流量采气 5～30 L。当吸收液褪色约 60%时（与现场空白样品比较），应立即停止采样。样品在运输及存放过程中应严格避光。当确信空气中臭氧的浓度较低，不会穿透时，可以用棕色玻板吸收管采样。

样品于室温暗处存放至少可稳定 3 d。

（2）现场空白样品

用同一批配制的 IDS 吸收液，装入多孔玻板吸收管中，带到采样现场。除了不采集空气样品外，其他环境条件保持与采集空气的采样管相同。

每批样品至少带两个现场空白样品。

5. 分析步骤

（1）绘制标准曲线

① 取 10 mL 具塞比色管 6 支，按表 4-10 制备标准色列管

表 4-10 IDS 标准系列

管号	0	1	2	3	4	5
IDS 标准溶液/mL	10.00	8.00	6.00	4.00	2.00	0.00
磷酸盐缓冲溶液/mL	0.00	2.00	4.00	6.00	8.00	10.00
臭氧质量浓度/（μg/mL）	0.00	0.20	0.40	0.60	0.80	1.00

② 各管摇匀，用 20 mm 比色皿，以水作参比，在波长 610 nm 下测量吸光度。以校准系列中零浓度管的吸光度（A_0）与各标准色列管的吸光度（A）之差为纵坐标，臭氧浓度为横坐标，用最小二乘法计算校准曲线的回归方程：

$$y = bx + a$$

式中，y—— A_0-A，空白样品的吸光度与各标准色列管的吸光度之差；

x—— 臭氧质量浓度，μg/mL；

b—— 回归方程的斜率，吸光度·mL/μg；

a—— 回归方程的截距。

（2）样品测定

采样后，在吸收管的入气口端串接一个玻璃尖嘴，在吸收管的出气口端用吸耳球加压将吸收管中的样品溶液移入 25 mL（或 50 mL）容量瓶中，用水多次洗涤吸收管，使总体积为 25.0 mL（或 50.0 mL）。用 20 mm 比色皿，以水作参比，在波长 610 nm 下测量吸光度。

6. 结果计算

$$\rho\left(O_3,\mathrm{mg/m^3}\right)=\frac{\left(A_0-A-a\right)\cdot V}{b\times V_0}$$

式中，ρ—— 空气中臭氧质量浓度，$\mathrm{mg/m^3}$；

A_0—— 现场空白样品吸光度的平均值；

A—— 样品的吸光度；

b—— 标准曲线的斜率；

a—— 标准曲线的截距；

V—— 样品溶液的总体积，mL；

V_0—— 换算为标准状态（101.325 kPa、273.15 K）的采样体积，L。

所得结果表示至小数点后 3 位。

八、空气中可吸入颗粒物的测定

空气中可吸入颗粒物的测定通常采用撞击式称重法。[①]

1. 原理

利用两段可吸入颗粒物采样器，以 13 L/min 的流量分别将粒径≥10 μm 的颗粒采集在冲击板的玻璃纤维纸上，粒径≤10 μm 的颗粒采集在预先恒重的玻璃纤维滤纸上，取下再称量其重量，以采样标准体积除以粒径 10 μm 颗粒物的量，即得出可吸入颗粒物的浓度。检测下限为 0.05 mg。

2. 仪器

（1）可吸入颗粒物采样器。

（2）天平：1/10 000 或 1/100 000。

（3）皂膜流量计。

（4）秒表。

（5）玻璃纤维纸 直径 50 mm；外周直径 53 mm，内周直径 40 mm 两种。

（6）干燥器。

（7）镊子。

3. 流量计校准

用皂膜流量计校准采样器的流量计，按图将流量计、皂膜计及抽气泵连接进行校准，

① 本方法参考《室内空气中可吸入颗粒物卫生标准》（GB/T 17095—1997）。

记录皂膜计量刻度线间的体积（mL）及通过的时间，体积按 $V_s=V_m\cdot(p_b-p_v)T_a/p_sT_m$ 换算成标准状况下的体积（V_s），以流量计的格数对流量作图。

式中，V_m——皂膜两刻度线间的体积，mL；

p_b——大气压，kPa；

p_v——皂膜计内水蒸气压，kPa；

p_s——标准状态下压力，kPa；

T_a——标准状态下温度，℃；

T_m——皂膜计温度，K（273.15+室温）。

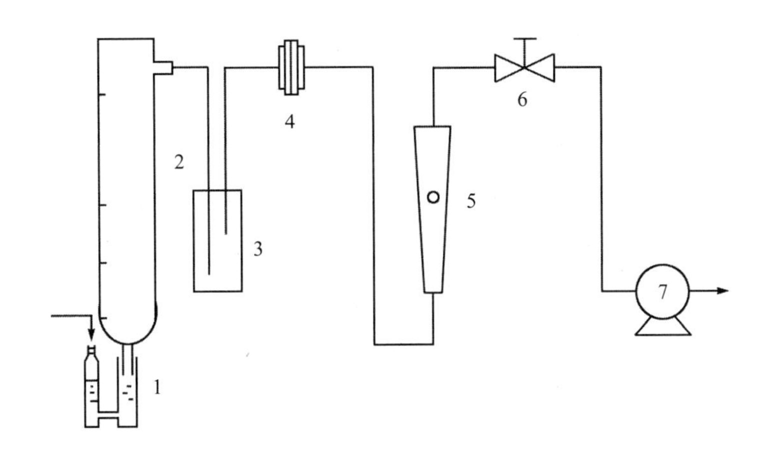

1—肥皂液；2—皂膜计；3—安全瓶；4—滤膜夹；5—转子流量计；6—针形阀；7—抽气泵

图 4-2　流量计的校准连接

4. 采样

将校准过流量的采样器入口取下，旋开采样头，将已恒重过的ϕ 50 mm 的滤纸安放于冲击环下，同时于冲击环上放置环形滤纸，再将采样头旋紧，装上采样头入口，放于室内有代表性的位置，打开旋钮开关计时，将流量调至 13 L/min，采样 24 h，记录室内温度、压力及采样时间，注意随时调节流量，使保持 13 L/min。

5. 分析步骤

取下采完样的滤纸，带回实验室，在与采样前相同的环境下放置 24 h，称量至恒重（mg），以此重量减去空白滤纸重得出可吸入颗粒的质量 m（mg）。将滤纸保存好，以备成分分析用。

6. 计算

$$\rho=W/V_0$$

$$\text{采样体积 } V_s=\text{流量（13 L/min）}\times t$$

式中，ρ——可吸入颗粒物质量浓度，mg/m^3；

W——颗粒物的质量，mg；

V_0——V_s 换算成标准状况下的体积，m^3。

7. 注意事项

（1）采样前，必须先将流量计进行校准。采样时准确保持 13 L/min 流量。

（2）称量空白及采样的滤纸时，环境及操作步骤必须相同。

（3）采样时必须将采样器部件旋紧，以免样品空气从旁侧进入采样器，造成错误的结果。

九、空气中苯系物的测定

空气中苯、甲苯、二甲苯的测定通常采用气相色谱法。①

1. 原理

空气中苯、甲苯和二甲苯用活性炭管采集，然后经热解吸或用二硫化碳提取出来，再经聚乙二醇 6000 色谱柱分离，用氢火焰离子经检测器检测，以保留时间定性，峰高定量。

2. 试剂和材料

（1）苯、甲苯、二甲苯：色谱纯。

（2）二硫化碳：分析纯，需经纯化处理。

（3）色谱固定液：聚乙二醇 6000。

（4）6201 担体：60～80 目。

（5）椰子壳活性炭：20～40 目，用于装活性炭采样管。

（6）纯氮：99.99%。

3. 仪器和设备

（1）活性炭采样管：用长 150 mm，内径 3.5～4.0 mm，外径 6 mm 的玻璃管，装入 100 mg 椰子壳活性炭，两端用少量玻璃棉固定。装管后再用纯氮气于 300～350℃温度条件下吹 5～10 min，然后套上塑料帽封紧管的两端。此管放于干燥器中可保存 5 d。若将玻璃管熔封，此管可稳定 3 个月。

（2）空气采样器：流量范围 0.2～1.0 L/min，流量稳定。使用时用皂膜流量计校准采样系列在采样前和采样后的流量。流量误差应小于 5%。

（3）注射器：1 mL，100 mL。

（4）微量注射器：1 μL，10 μL。

（5）热解吸装置：热解吸装置主要由加热器、控温器、测温表及气体流量控制器等部分组成。调温范围为 100～400℃，控温精度±1℃，热解吸气体为氮气，流量调节范围为 50～100 mL/min，读数误差±1 mL/min。所用的热解装置的结构应使活性炭管能方便地插入加热器中，并且各部分受热均匀。

（6）具塞刻度试管：2 mL。

（7）气相色谱仪：附氢火焰离子化检测器。

（8）色谱柱：长 2 m、内径 4 mm 不锈钢柱，内填充聚乙二醇 6000－6201 担体（5∶100）固定相。

4. 采样

在采样地点打开活性炭管，两端孔径至少 2 mm，与空气采样器入气口垂直连接，以

① 本方法参考《环境空气　苯系物的测定　固体吸附/热脱附-气相色谱法》（HJ 583—2010）。

0.5 L/min 的速度，抽取 10 L 空气。采样后，将管的两端套上塑料帽，并记录采样时的温度和大气压力。样品可保存 5 d。

5. 分析步骤

（1）色谱分析条件：由于色谱分析条件常因实验条件不同而有差异，所以应根据所用气相色谱仪的型号和性能，制定能分析苯、甲苯和二甲苯的最佳的色谱分析条件。

（2）绘制标准曲线和测定计算因子：在作样品分析的相同条件下，绘制标准曲线和测定计算因子。

① 用混合标准气体绘制标准曲线：用微量注射器准确取一定量的苯、甲苯和二甲苯（于20℃时，1 μL 苯的质量为 0.878 7 mg，甲苯的质量为 0.866 9 mg，邻、间、对二甲苯的质量分别为 0.880 2 mg，0.864 2 mg，0.861 1 mg），分别注入 100 mL 注射器中，以氮气为本底气，配成一定浓度的标准气体。取一定量的苯、甲苯和二甲苯标准气体分别注入同一个 100 mL 注射器中相混合，再用氮气逐级稀释成 0.02～2.00 μg/mL 范围内 4 个浓度点的苯、甲苯和二甲苯的混合气体。取 1 mL 进样，测量保留时间及峰高。每个浓度重复 3 次，取峰高的平均值。分别以苯、甲苯和二甲苯的含量（μg/mL）为横坐标，平均峰高（mm）为纵坐标，绘制标准曲线。并计算回归线的斜率，以斜率的倒数 B_g[μg/(mL·mm)]作样品测定的计算因子。

② 用标准溶液绘制标准曲线：于 3 个 50 mL 容量瓶中，先加入少量二硫化碳，用 10 μL 注射器准确量取一定量的苯、甲苯和二甲苯分别注入容量瓶中，加二硫化碳至刻度，配成一定浓度的贮备液。临用前取一定量的贮备液用二硫化碳逐级稀释成苯、甲苯和二甲苯含量为 0.005 μg/mL、0.01 μg/mL、0.05 μg/mL、0.2 μg/mL 的混合标准液。分别取 1 μL 进样，测量保留时间及峰高，每个浓度重复 3～4 次，取峰高的平均值，以苯、甲苯和二甲苯的含量（μg/mL）为横坐标，平均峰高（mm）为纵坐标，绘制标准曲线。并计算回归线的斜率，以斜率的倒数 B_g[μg/(mL·mm)]作样品测定的计算因子。

③ 测定校正因子：当仪器的稳定性能差，可用单点校正法求校正因子。在样品测定的同时，分别取零浓度和与样品热解吸气（或二硫化碳提取液）中含苯、甲苯和二甲苯浓度相接近时标准气体 1 mL 或标准溶液 1μL 按绘制标准曲线的操作方法，测量零浓度和标准的色谱峰高（mm）和保留时间，用下式计算校正因子。

$$f=\rho_s/(h_s-h_0)$$

式中，f——校正因子，μg/(mL·mm)（对热解吸气样）或μg/(μL·mm)（对二硫化碳提取液样）；

ρ_s——标准气体或标准溶液质量浓度，μg/mL 或μg/μL；

h_0、h_s——零浓度、标准的平均峰高，mm。

（3）样品分析

① 热解吸法进样：将已采样的活性炭管与 100 mL 注射器相连，置于热解吸装置上，用氮气以 50～60 mL/min 的速度于 350℃下解吸，解吸体积为 100 mL，取 1 mL 解吸气进色谱柱，用保留时间定性，峰高（mm）定量。每个样品作三次分析，求峰高的平均值。同时，取一个未采样的活性炭管，按样品管同样操作，测定空白管的平均峰高。

② 二硫化碳提取法进样：将活性炭倒入具塞刻度试管中，加 1.0 mL 二硫化碳，塞紧

管塞，放置 1 h，并不时振摇，取 1 μL 进色谱柱，用保留时间定性，峰高（mm）定量。每个样品作三次分析，求峰高的平均值。同时，取一个未经采样的活性炭管按样品管同样操作，测量空白管的平均峰高（mm）。

6. 计算

（1）将采样体积换算成标准状态下的采样体积。

（2）用热解吸法时，空气中苯、甲苯和二甲苯质量浓度按下式计算：

$$\rho=\frac{(h-h_0)B_g}{V_0E_g}\times 100$$

式中，ρ——空气中苯或甲苯、二甲苯的质量浓度，mg/m^3；

h——样品峰高的平均值，mm；

h_0——空白管的峰高，mm；

B_g——计算因子，μg/(mL·mm)；

E_g——由实验确定的热解吸效率。

（3）用二硫化碳提取法时，空气中苯、甲苯和二甲苯质量浓度按下式计算：

$$\rho=\frac{(h-h_0)B_s}{V_0E_s}\times 1\,000$$

式中，ρ——苯、甲苯或二甲苯的质量浓度，mg/m^3；

B_s——校正因子，μg/(μL·mm)；

E_s——由实验确定的二硫化碳提取的效率。

（4）用校正因子时空气中苯、甲苯、二甲苯质量浓度按下式计算：

$$\rho=\frac{(h-h_0)f}{V_0E_g}\times 100 \quad 或 \quad \rho=\frac{(h-h_0)f}{V_0E_s}\times 1\,000$$

式中，f——校正因子，mg/(mL·mm)（对热解吸气样）或μg/(μL·mm)（对用二硫化碳提取液样）。

十、空气中总挥发性有机物的测定

空气中总挥发性有机物的测定通常采用热解析/毛细管气相色谱法。[①]

1. 原理

选择合适的吸附剂（Tenax GC 或 Tenax TA），用吸附管采集一定体积的空气样品，空气流中的挥发性有机化合物保留在吸附管中。采样后，将吸附管加热，解吸挥发性有机化合物，待测样品随惰性载气进入毛细管气相色谱仪。用保留时间定性，峰高或峰面积定量。

测定范围：本法适用于浓度范围为 0.5μg/m^3～100.0 mg/m^3。

检测下限：采样量为 10 L 时，检测下限为 0.5 mg/m^3。

2. 试剂和材料

（1）VOCs：为了校正浓度，需用 VOCs 作为基准试剂，配成所需浓度的标准溶液或标准气体，然后采用液体外标法或气体外标法将其定量注入吸附管。

① 本方法参考《室内空气质量标准》（GB/T 18883—2002）。

（2）稀释溶剂：液体外标法所用的稀释溶剂应为色谱纯，在色谱流出曲线中应与待测化合物分离。

（3）吸附剂：使用的吸附剂粒径为 0.18～0.25 mm（60～80 目），吸附剂在装管前都应在其最高使用温度下，用惰性气流加热活化处理过夜。为了防止二次污染，吸附剂应在清洁空气中冷却至室温，储存和装管。解吸温度应低于活化温度。由制造商装好的吸附管使用前也需活化处理。

（4）纯氮：99.999%。

3. 仪器和设备

（1）吸附管：是外径 6.3 mm、内径 5 mm、长 90 mm 或 180 mm 内壁抛光的不锈钢管，吸附管的采样入口一端有标记。吸附管可以装填一种或多种吸附剂，应使吸附层处于解吸仪的加热区。根据吸附剂的密度，吸附管中可装填 200～1 000 mg 的吸附剂，管的两端用不锈钢网或玻璃纤维毛堵住。如果在一支吸附管中使用多种吸附剂，吸附剂应按吸附能力增加的顺序排列，并用玻璃纤维毛隔开，吸附能力最弱的装填在吸附管的采样入口端。

（2）注射器：可精确读出 0.1 μL 的 10 μL 液体注射器；可精确读出 0.1 μL 的 10 μL 气体注射器；可精确读出 0.01 mL 的 1 mL 气体注射器。

（3）采样泵：恒流空气个体采样泵，流量范围 0.02～0.50 L/min，流量稳定。使用时用皂膜流量计校准采样系统在采样前和采样后的流量。流量误差应小于 5%。

（4）气相色谱仪：配备氢火焰离子化检测器、质谱检测器或其他合适的检测器。

色谱柱：非极性（极性指数小于 10）石英毛细管柱。

（5）热解吸仪：能对吸附管进行二次热解吸，并将解吸气用惰性气体载带进入气相色谱仪。解吸温度、时间和载气流速是可调的。冷阱可将解吸样品进行浓缩。

（6）液体外标法制备标准系列的注射装置：常规气相色谱进样口，既可以在线使用也可以独立装配，保留进样口载气连线，进样口下端可与吸附管相连。

4. 采样和样品保存

将吸附管与采样泵用塑料或硅橡胶管连接。个体采样时，采样管垂直安装在呼吸带；固定位置采样时，选择合适的采样位置。打开采样泵，调节流量，以保证在适当的时间内获得所需的采样体积（1～10 L）。如果总样品量超过 1 mg，采样体积应相应减少。记录采样开始和结束时的时间、采样流量、温度和大气压力。

采样后将管取下，密封管的两端或将其放入可密封的金属或玻璃管中。样品可保存 5 d。

5. 分析步骤

（1）样品的解吸和浓缩

将吸附管安装在热解吸仪上，加热，使有机蒸气从吸附剂上解吸下来，并被载气流带入冷阱，进行预浓缩，载气流的方向与采样时的方向相反。然后再以低流速快速解吸，经传输线进入毛细管气相色谱仪。传输线的温度应足够高，以防止待测成分凝结。解吸条件见表 4-11。

表 4-11 解吸条件

解吸温度	250～325℃
解吸时间	5～15 min
解吸气流量	30～50 mL/min
冷阱的制冷温度	–180～20℃
冷阱的加热温度	250～350℃
冷阱中的吸附剂	如果使用，一般与吸附管相同，40～100 mg
载气	氦气或高纯氮气
分流比	样品管和二级冷阱之间以及二级冷阱和分析柱之间的分流比应根据空气中的浓度来选择

（2）色谱分析条件

可选择膜厚度为（1～5）μm×50 m×0.22 mm 的石英柱，固定相可以是二甲基硅氧烷或7%的氰基丙烷、7%的苯基、86%的甲基硅氧烷。柱操作条件为程序升温，初始温度 50℃保持 10 min，以 5℃/min 的速率升温至 250℃。

（3）标准曲线的绘制

气体外标法：用泵准确抽取 100 μg/m^3 的标准气体 100 mL、200 mL、400 mL、1 L、2 L、4 L、10 L 通过吸附管，制备标准系列。

液体外标法：利用4的进样装置（注射器）取 1～5 μL 含液体组分 100 μg/mL 和 10 μg/mL的标准溶液注入吸附管，同时用 100 mL/min 的惰性气体通过吸附管，5 min 后取下吸附管密封，制备标准系列。

用热解吸气相色谱法分析吸附管标准系列，以扣除空白后峰面积的对数为纵坐标，以待测物质量的对数为横坐标，绘制标准曲线。

（4）样品分析

每支样品吸附管按绘制标准曲线的操作步骤（相同的解吸和浓缩条件及色谱分析条件）进行分析，用保留时间定性，峰面积定量。

6. 结果计算

（1）将采样体积换算成标准状态下的采样体积，同甲醛的 AHMT 比色法。

（2）TVOC 的计算

a. 应对保留时间在正己烷和正十六烷之间所有化合物进行分析。

b. 计算 TVOC，包括色谱图中从正己烷到正十六烷之间的所有化合物。

c. 根据单一的校正曲线，对尽可能多的 VOCs 定量，至少应对 10 个最高峰进行定量，最后与 TVOC 一起列出这些化合物的名称和浓度。

d. 计算已鉴定和定量的挥发性有机化合物的浓度 S_{id}。

e. 用甲苯的响应系数计算未鉴定的挥发性有机化合物的浓度 S_{un}。

f. S_{id} 与 S_{un} 之和为 TVOC 的浓度或 TVOC 的值。

g. 如果检测到的化合物超出了 b 中 TVOC 定义的范围，那么这些信息应该添加到TVOC 值中。

（3）空气样品中待测组分的质量浓度按下式计算

$$\rho = \frac{F - B}{V_0} \times 1\,000$$

式中，ρ——空气样品中待测组分的质量浓度，μg/m^3；

F——样品管中组分的质量，μg；

B——空白管中组分的质量，μg；

V_0——标准状态下的采样体积，L。

十一、空气中菌落总数的测定

空气中菌落总数的测定通常采用撞击法。[①]

1. 定义

撞击法（impacting method）是采用撞击式空气微生物采样器采样，通过抽气动力作用，使空气通过狭缝或小孔而产生高速气流，使悬浮在空气中的带菌粒子撞击到营养琼脂平板上，经 37℃、48 h 培养后，计算出每立方米空气中所含的细菌菌落数的采样测定方法。

2. 仪器和设备

（1）高压蒸汽灭菌器。

（2）干热灭菌器。

（3）恒温培养箱。

（4）冰箱。

（5）平皿（直径 9 cm）。

（6）制备培养基用一般设备：量筒，三角烧瓶，pH 计或精密 pH 试纸等。

（7）撞击式空气微生物采样器。

采样器的基本要求：

（1）对空气中细菌捕获率达 95%。

（2）操作简单，携带方便，性能稳定，便于消毒。

3. 营养琼脂培养基

（1）成分：营养琼脂培养基的成分如表 4-12 所示。

表 4-12　营养琼脂成分

成分	用量
蛋白胨	20 g
牛肉浸膏	3 g
氯化钠	5 g
琼脂	15～20 g
蒸馏水	1 000 mL

（2）制法：将上述各成分混合，加热溶解，校正 pH 至 7.4，过滤分装，121℃，20 min 高压灭菌。营养琼脂平板的制备参照采样器使用说明。

① 本方法参考《室内空气质量标准》（GB/T 18883—2002）附录 D。

4. 操作步骤

（1）选择有代表性的房间和位置设置采样点。将采样器消毒，按仪器使用说明进行采样。

（2）样品采完后，将带菌营养琼脂平板置（36±1）℃恒温箱中，培养 48 h，计数菌落数，并根据采样器的流量和采样时间，换算成每立方米空气中的菌落数。以 cfu/m^3 报告结果。

选择撞击式空气微生物采样器的基本要求：

a. 对空气中细菌捕获率达 95%；

b. 操作简单，携带方便，性能稳定，便于消毒。

十二、空气中氡的测定

空气中氡的测定方法通常有以下 4 种。

（一）闪烁室（瓶）法[①]

1. 方法原理

闪烁室法原理是用泵将空气引入圆柱形有机玻璃制成的闪烁瓶中，也可以预先将闪烁瓶抽成真空，在现场打开开关，以实现无动力采样。当含氡空气样品进入闪烁瓶中，氡和衰变子体发射的α粒子使闪烁室壁上的 ZnS(Ag)晶体产生闪光，由光电倍增管把这种光信号转变为电脉冲，经电子学测量单元通过脉冲放大、甄别后被定标线路记录下来，储存于连续探测器的记忆装置中。单位时间内的电脉冲数与氡浓度成正比，因此可以确定氡浓度。

2. 仪器结构

典型的测量装置由探头（闪烁瓶、光电倍增管和前置单元电路组成）、高压电源和电子学分析记录单元组成。探头由闪烁瓶、光电倍增管和前置放大单元组成。结构示意见图 4-3。

记录和数据处理系统：可用定标器和打印机，也可用多道脉冲幅度分析器和 *x-y* 绘图仪。

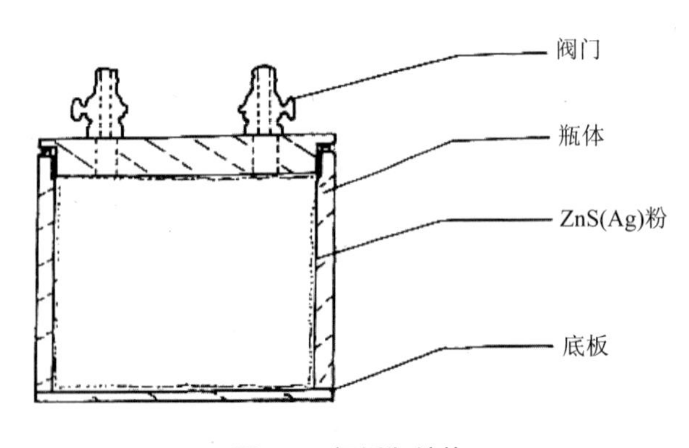

图 4-3 闪烁瓶结构

① 本方法参考《环境空气中氡的标准测量方法》（GB/T 14582—1993）。

3. 试剂、材料和装置

（1）闪烁瓶：内壁均匀涂以 ZnS(Ag)涂层。

（2）探测器：由光电倍增管和前置放大器组成；光电倍增管必须选择低噪声、高放大倍数的光电倍增管，工作电压低于 1 000 V。前置单元电路应是深反馈放大器，输出脉冲幅度为 0.1～10 V。

（3）高压电源：输出电压应在 0～3 000 V 范围连续可调，波纹电压不大于 0.1%，电流应不小于 100 mA。

（4）记录和数据处理系统：由定标器和打印机组成，也可接 x-y 绘图仪。

4. 采样和测量步骤

（1）采样点的确定，选择能代表待测空间的最佳采样点。记录好采样器的编号、采样时间、采样点的位置。

（2）采样，将抽成真空的闪烁瓶带到待测点，然后打开阀门约 10 s 后，关闭阀门，带回实验室待测。记录采样时间、气压、温度、湿度等。

（3）稳定性和本底测量，在测定的测量条件下，进行本底稳定性测量和本底测量。

（4）样品测量，将待测已采样的闪烁瓶避光保存 3 h，在规定的测量条件下进行计数测量。根据测量精度的要求，选择适当的测量时间。

（5）测量后，必须及时用无氡气的气体清洗闪烁瓶，以保持本底状态。

5. 结果计算

$$c_{\mathrm{Rn}}=\frac{K_{\mathrm{s}}(n_{\mathrm{e}}-n_{\mathrm{b}})}{V(1-\mathrm{e}^{\lambda t})}$$

式中，c_{Rn}——氡浓度，Bq/m^3；

K_{s}——刻度因子，Bq/（计数/min）；

n_{e}，n_{b}——分别表示样品和本底的计数率，计数/min；

V——采样体积，m^3；

λ——^{222}Rn 衰变常数，h^{-1}；

t——样品封存时间，h。

（二）径迹蚀刻法[①]

径迹蚀刻法是利用α径迹探测器（alpha track cletectors，ATD）也叫固体核径迹探测器，为累计测量氡浓度的方法。

1. 方法原理

ATD 由扩散杯、渗透膜和径迹片三部分组成。空气中的氡气通过滤膜扩散到测量杯中，氡及其子体衰变产生的α粒子，碰撞到径迹片上沿着它们的轨迹造成原子尺度的辐射损伤，即潜径迹。经化学处理，这些潜径迹能够扩大为可观察的永久性径迹。根据径迹密度和在标准氡浓度暴露下的刻度系数，计算出被测场所的平均氡浓度。

2. 仪器结构

径迹蚀刻探测器主要由探测元件（CR-39，聚碳酸酯膜）和采样盒（塑料制成，直径

① 本方法参考《环境空气中氡的标准测量方法》（GB/T 14582—1993）。

60～70 mm，高 50～60 mm）组成。采样盒上放置一滤膜，将空气样品中的氡子体过滤掉，滤膜用压环压紧，盒底部放置两片 CR-39 径迹片。采样盒结构如图 4-4 所示。

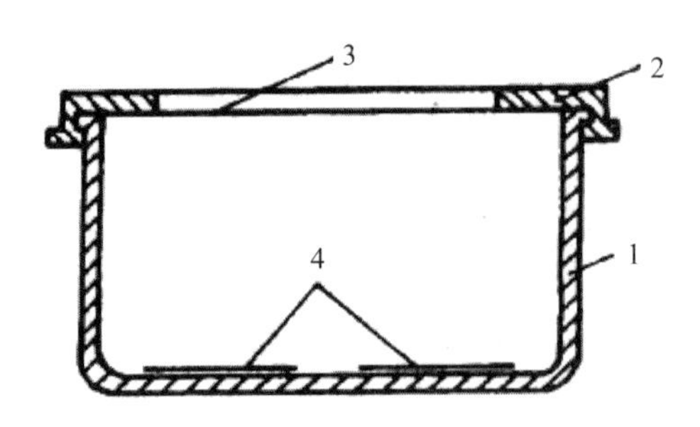

1—采样盒外形；2—压盖；3—滤膜；4—探测元件（CR-39）

图 4-4 径蚀迹刻法用的采样盒结构

3. 试剂、材料和设备

（1）蚀刻槽：塑料制成。

（2）恒温器：1～100℃。

（3）切片机。

（4）测厚仪：应能测定微米级厚度。

（5）计时钟。

（6）注射器：10 mL、30 mL。

（7）烧杯。

（8）音频高压振荡电源：频率 0～10 Hz，电压 0～1.5 V。

（9）滤膜：合化纤维滤膜。

（10）氢氧化钾：分析纯。

（11）无水乙醇。

4. 采样和测量步骤

（1）径迹元件的制备

① 切片，用切片机将 CR-39 片切成一定尺寸的圆形或方形片子。径迹片应用测厚仪测定出每片的厚度。

② 将片子固定在采样盒底部，盒口用滤膜覆盖；将采样盒密封备用。

③ 在采样现场去掉密封包装，将采样器布放室内，在 20 cm 内不得有其他物品。

④ 采样终止时，取下采样器再密封好，布放时间不少于 30 d。

（2）测量操作步骤

① 样品片制备，用切片机把聚碳酸酯膜或 CR-39 径迹片切成一定形状，多为圆形或方形，聚碳酸酯片需用测厚仪测出每张片子的厚度。

② 布放，在现场去掉密封包装，将采样器布放在测量现场，采样期间应保持室内条件恒定，最好在密闭条件下进行，停止使用空调系统，应选在卧室内或客厅内。

③ 回收，采样终止后，取下采样器，密封好后送回实验室。

④ 蚀刻，制备化学蚀刻液（16%氢氧化钠与苯酚按体积比 1∶2 配制）取 10 mL 加入烧杯中，将探测器放入烧杯内，在 60℃下 30 min。然后用清水洗片子，晾干。CR-39 用

6.5 mol/L KOH 蚀刻液，取 20 mL 此蚀刻液在烧杯中，将片子也放入烧杯中，在 70℃下放置 10 h。

⑤ 计数，将处理好的径迹片用显微镜下测读出单位面积上的径迹数。一般数 20 个视野以上。

5. 结果计算

$$c_{Rn} = \frac{n_{Rn}}{TF_R}$$

式中，c_{Rn}——氡浓度，Bq/m^3；

n_{Rn}——净径迹密度，cm^{-2}；

T——暴露时间，h；

F_R——刻度系数，$m^3/(Bq \cdot h \cdot cm^2)$。

（三）活性炭盒法[①]

活性炭盒法（activated carbon collectors，AC）是目前测量室内氡最常用的被动式累计测量装置。采样周期为 2～7 d。然后用γ能谱仪或液体闪烁仪测量。

1. 方法原理

氡扩散进入炭床内被活性炭吸收，同时衰变，新生的子体也沉积在活性炭内。用γ能谱仪测量活性炭盒的氡子体特征γ射线峰或峰群强度，根据特征峰的面积计算出氡浓度。也可用液体闪烁仪测量，首先要将吸附在活性炭上的氡解析到闪烁液中，然后用闪烁计数器进行α/β测量。γ能谱仪和液体闪烁仪与普通放射性测量实验室用的相同。

2. 仪器结构

采样器为塑料或金属制成的直径为 6.0～10.0 cm，高 3.0～5.0 cm 的圆柱形小盒，内装 25～200 g 活性炭，盒口罩一层滤膜，以阻挡氡子体进入。活性炭盒结构示意见图 4-5。

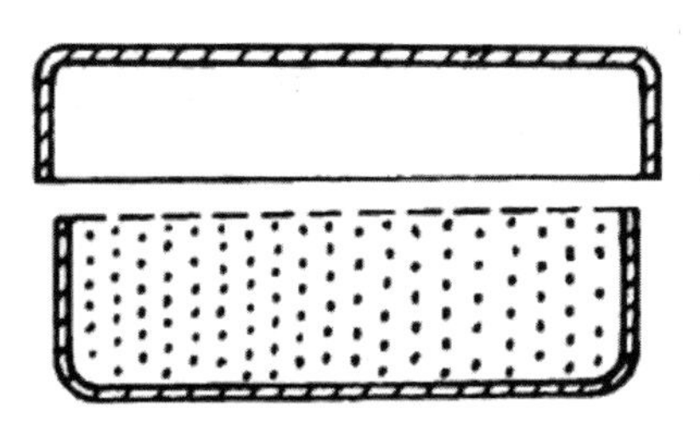

图 4-5　活性炭盒结构

3. 试剂、材料和设备

（1）活性炭：椰壳活性炭制成粒度为 8～16 目（或 10～24 目），比表面积为 1 300～1 400 m^2/g 的颗粒，在 120℃下烘烤 5～8 h。

（2）烘箱。

（3）天平：感量 0.000 1 g，最大量程 200 g。

① 本方法参考《环境空气中氡的标准测量方法》（GB/T 14582—1993）。

（4）滤膜：合成纤维滤膜。

（5）测量仪器：γ谱仪［HPGe，Ge（Li），NaI（Tl）探测器（晶体直径 75 mm×75 mm）均可］、液体闪烁谱仪或热释光仪。

4. 采样和测量步骤

（1）样品盒的制备

① 将选定的活性炭放入烘箱内，120℃下烘烤 5～6 h，放入磨口玻璃瓶中备用。

② 装样，称取一定量烘烤后的活性炭装入采样盒中，覆盖好滤膜。

③ 称量盒的总质量。

④ 将样品盒密封与外面空气隔绝。

（2）现场采样

① 在采样点打开采样盒的密封包装，放置在距地面 1.5 m 处被动采样 2～7 d。

② 采样终止时将活性炭盒再密封好，应记录采样时间，送回实验室待测。

（3）样品测定

采样终止后 3 h 可以测量，将活性炭盒在γ谱仪上测量氡子体的γ射线特征峰面积。

5. 结果计算

$$c_{\mathrm{Rn}} = \frac{an_{\mathrm{r}}}{K_{\mathrm{w}} \cdot t_1^{-b} \cdot \mathrm{e}^{-\lambda_{\mathrm{R}} t_2}}$$

式中，c_{Rn}——采样期间内平均氡浓度，$\mathrm{Bq/m^3}$；

a——采样 1 h 的响应系数，（$\mathrm{Bq/m^3}$）/（计数/min）；

n_{r}——特征峰对应的净计数率，计数/min；

K_{w}——吸收水分校正系数；

t_1——采样时间，h；

b——累积指数，可取 0.48；

λ_{R}——氡衰变常数，$7.55 \times 10^{-3}\ \mathrm{h^{-1}}$；

t_2——采样时间终点至测量开始的时间间隔，h。

（四）双滤膜法[①]

1. 方法原理

双滤膜法是主动式采样，能测量空气中瞬间的氡浓度。仪器结构原理见图 4-6。其中（a）为测氡仪的采样部分。图中衰变室前后各有一滤膜，用于收集氡子体颗粒物。装好滤膜后，将采样设备连接好，启动抽气泵，按设定流速和时间采集空气样品。空气中氡子体颗粒物被阻留在入口滤膜上。被滤掉子体的纯氡在通过衰变室的过程产生新的子体。新子体颗粒物被出口滤膜所收集。采样 t min 后，取下出口滤膜，移到 ZnS(Ag)闪烁探测器下，测量出口滤膜上的α放射性［图 4-6（b）］，即可换算出氡浓度。

2. 仪器结构

仪器结构如图 4-6 所示，仪器有采样（包括衰变室）和α放射性测量仪两部分。采样

① 本方法参考《环境空气中氡的标准测量方法》（GB/T 14582—1993）。

器由采样入口、入口滤膜、衰变室、出口滤膜、流量计和采样泵等部件组成如图 4-6（a）所示。α放射性测量仪由光电倍增管、放大器、显示器等部件组成如图 4-6（b）所示。

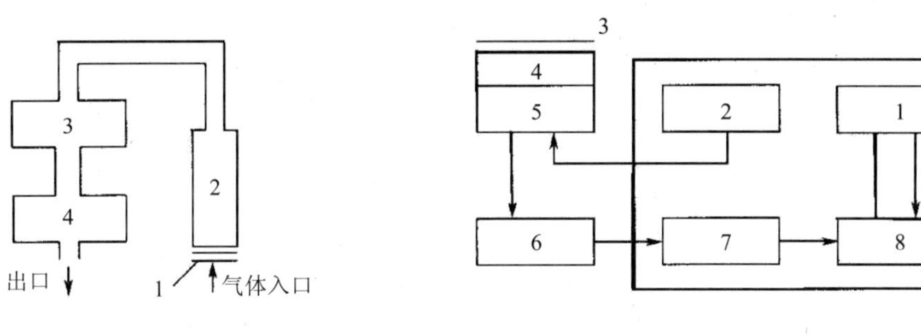

（a）采样器

1—滤膜；2—衰变室；

3—流量计；4—采样泵

（b）α放射性测量仪

1—低压电源；2—高压电源；3—出口滤膜；4—闪烁体；

5—光电倍加管；6—前置放大器；7—主放大器；8—显示器

图 4-6　双滤膜法测氡仪结构原理

3. 试剂、材料和设备

（1）衰变室：14.8 L。

（2）流量计：量程为 80 L/min 的转子流量计。

（3）抽气泵。

（4）α测量仪：要对 RaA、RaC 的α粒子有相近的计数效率。

（5）子体过滤器与滤料：入口滤膜为 $49^{\#}$玻璃纤维滤膜，三层；出口滤膜为 LXGL-15-1 合成纤维滤膜至少三层。

（6）采样夹：能夹持Φ 60 mm 的滤料。

（7）秒表。

（8）α参考源：^{241}Am 或 ^{239}Pu。

（9）镊子。

4. 采样和测量步骤

（1）采样进气口距地面 1.5 m，且与出气口高度差要大于 50 cm，应在不同方向上。

（2）测量前应对采样系统和计数系统进行检查，使其处于正常工作状态。具体操作步骤见仪器说明书。

（3）首先将装好滤膜的滤膜卡安装好，并检查是否漏气。

（4）将采样泵与衰变筒流量计和测量装置连接好，有的仪器有自检功能，应拨到自检键，作仪器自检，调好甄别阀。

（5）求出仪器和带滤膜的本底值 N_b。

（6）按照设定条件接通采样泵电源，按工作原理中的方法测量。

（7）采样结束后，将出口滤膜立即从采样位置自动转移到测量位置。在 t_1—t_2 间隔内测量出口滤膜的α放射性计数。测量时间：典型值 8 Bq/m^3，t=30 min，t_1=5 min，t_2=30.5 min，即可得到满意的计数值。

5. 结果计算

$$c_{\mathrm{Rn}} = K_{\mathrm{t}} N_{\mathrm{a}} = \frac{16.65 N_{\mathrm{a}}}{V \cdot E \cdot \eta \cdot \beta \cdot Z \cdot F_{\mathrm{f}}}$$

式中，c_{Rn}——氡浓度，$\mathrm{Bq/m^3}$；

K_{t}——总刻度系数，（$\mathrm{Bq/m^3}$）/计数；

N_{a}——t_1—t_2间隔的净α计数，计数；

V——衰变筒容积，L；

E——计数效率，%；

η——滤膜过滤效率，%；

β——滤膜对α粒子的自吸收因子，%；

Z——与 t 和 t_1—t_2 有关的常数；

F_{f}——新生子体到达出口滤膜的份额，%。

十三、物理参数的测定

（一）温度的测定

1. 玻璃液体温度计法[①]

（1）原理

玻璃液体温度计是由容纳温度计液体薄壁温包和一根与温包相适应的玻璃细管组成，温包和细管系统是密封的。玻璃细管上设有充满液体的部分空间，充有足够压力的干燥惰性气体，玻璃细管上标以刻度，以指示管内液柱的高度，使读数准确地指示温包温度。

液体温度计的工作取决于液体的膨胀系数（因为液体的膨胀系数大于玻璃温包的膨胀系数）。当温包温度增加就引起内部液体膨胀，液柱上升，由于温包的容积大于玻璃细管的容积，所以温包内液体体积的变化在细管上就能反映出大幅度的液柱高度变化。

（2）仪器

① 玻璃液体温度计：温度计的刻度最小分值不大于 0.2℃，测量精度±0.5℃。

② 悬挂温度计支架。

（3）测定步骤

① 为了防止日光等热辐射的影响，温包需用热遮蔽。

② 经 5～10 min 后读数，读数时视线应与温度计标尺垂直，水银度计按凸出弯月面最高点读数，酒精温度计按凹月面的最大低点读数。

③ 读数应快速准确，以免人的呼吸气和人体热辐射影响读数的准确性。

④ 零点位移误差的订正。由于玻璃热后效应，玻璃液体温度计零点位置应经常用标准温度计校正，如零点有位移时，应把位移值加到读数上。

（4）结果计算

$$T_{实}=T_{测}+d$$

① 本方法参考《公共场所卫生检验方法　第 1 部分：物理因素》（GB/T 18204.1—2013）。

式中，$T_{实}$——实际温度；

$T_{测}$——测得温度；

d——零点位移值。

$$d=a-b$$

式中，a——温度计所示零点；

b——标准温度计校准的零点位置。

2. 数显式温度计法①

（1）原理

感温部分采用 PN 结晶热敏电阻、热电偶、铂电阻等温度传感器，感温是通过传感器自身随温度变化的原理后经放大，送 3×1/2×A/D 变换器后，再送显示器显示。

（2）仪器

数显式温度计：最小分放率为 0.1℃，测量范围为−40～90℃，测量精度±0.5℃。

（3）测定步骤

① 打开电池盖，装上电池，将传感器插入插孔。

② 测量气温感温元件离墙壁不得小于 0.5 m。

③ 将传感器头部置于欲测温度部位，并将开关置于“开”的位置。

④ 待显示器所显示的温度稳定后，即可读出温度值。

⑤ 测温结束后，立即将开关关闭。

（4）温度计校正方法

① 将欲校正的数显温度计感温元件与标准温度计一并插入恒温水浴槽中，放入冰块，校正零点，经 5～10 min 后记录读数。

② 提高水浴温度，记录标准温度计 20℃、40℃、60℃、80℃、100℃时的读数，即可得到相应的校正温度。

（二）相对湿度的测定

1. 通风干湿表法②

（1）原理

将两支完全相同的水银温度计都装入金属套管中，水银温度计球部有双重辐射防护管。套管顶部装有一个用发条或电驱的风扇，启动后抽吸空气均匀地通过套管，使球部处于不小于 2.5 m/s 的气流中（电动可达 3 m/s），以测定干湿球温度计的温度，然后根据干湿温度计的温差，计算出空气的湿度。

（2）仪器

① 机械通风干湿表：温度刻度的最小分值不大于 0.2℃，测量精度±3%，测量范围为 10%～100%RH。

② 电动通风干湿表：温度刻度的最小分值不大于 0.2℃，测量精度±3%，测量范围为

---

① 本方法参考《公共场所卫生检验方法　第 1 部分：物理因素》（GB/T 18204.1—2013）。

② 同上。

10%～100%RH。

（3）测定步骤

① 通风器作用时间的校正：将纸条止动风扇，上足发条，抽出纸条，风扇转动，开动秒表，待风扇停止转动后，按下秒表，其通风器的全部作用时间不得少于 6 min。

通风器发条盒转动的校正：挂好仪器，上弦使之转动，当通风器玻璃孔中条盒上的标线与孔上红线重合时以纸棒止动风扇。上满弦，抽掉纸棒，待条盒转动一周，标线与玻璃孔上红线重合时，开动秒表，当标线与红线重合时，停表。其时间即为发条盒第二周转动时间。这一时间不应超过检定证上所列时间 6 s。

② 用吸管吸取蒸馏水送入湿球温度计套管内，湿润温度计头部纱条。

③ 上满发条，如用电动通风干湿表则应接通电源，使通风器转动。

④ 通风 5 min 后读干、湿温度表所示温度。

（4）结果计算

① 水汽压的计算

$$e=B_t'-AP(T-T')$$

式中，e——监测时空气中的水汽压，hPa；

B_t'——湿球温度下的饱和水汽压，hPa；

P——监测时大气压，hPa；

A——温度计系数，依测定时风速而定，与湿球温度计头部风速有关，风速 0.2 m/s 以上时为 0.000 99，2.5 m/s 时为 0.000 677；

T——干球温度，℃；

T'——湿球温度，℃。

② 绝对湿度的计算

$$K=289e/T$$

式中，K——绝对湿度（水汽在空气中的含量），g/m^3；

e——空气中的水汽压，hPa；

T——监测时的气温，K。

③ 相对湿度的计算

$$F=e/E\times100\%$$

式中，F——相对湿度，%；

e——空气中的水汽压，hPa；

E——干球温度条件下的饱和水汽压，hPa。

2. 氯化锂湿度计法①

（1）原理

氯化锂原件的测试原理，是通过测量氯化锂饱和溶液的水汽压与环境水汽压平衡时的

① 本方法参考《公共场所卫生检验方法　第 1 部分：物理因素》（GB/T 18204.1—2013）。

温度来确定空气露点。

氯化锂湿度计的测头在通电流前或开始通电流时，测头温度和周围的空气温度相等。测头上氯化锂的蒸气分压力低于空气的蒸气分力时氯化锂吸收空气中的水分，成为溶液状态，两电极间的电阻很小，通过电流很大，通电流后，测头逐渐加热，氯化锂溶液中的水汽分压力逐渐升高，水汽析出，当测头温度升至一定值后，氯化锂的水汽分压力测头不再加热，维持在一定温度上。由于空气中水汽分压力的变化，测头有一对应的温度，所以测得测头的温度，即可知空气中水汽分压力的大小、水汽分压力是空气露点的函数，因此得出测头的温度，即可知空气的露点温度。知道了露点温度和空气温度后，即可计算出空气的相对湿度。

相对湿度=露点温度时的饱和水汽分压力/空气温度时的饱和水汽分压力×100%

（2）仪器

氯化锂露点湿度计：应用现代计算机技术，空气温度和相对湿度可直接在仪器上显示，测定精度不大于±3%，测定范围为 12%～100%RH。

（3）测定步骤

① 打开电源开关观察电压是否正常

② 测量前需进行补偿，用旋钮调满度，将补偿开关置测量位置，即可读数。

③ 通电 10 min 后再读值。

④ 氯化锂测头连续工作一定时间后必须清洗。湿敏元件不要随意拆动，并不得在腐蚀性气体（如二氧化硫、氨气、酸、碱蒸气）浓度高的环境中使用。

（三）空气流速的测定——热球式电风速计法[①]

1. 原理

电风速计由测杆探头和测量仪表组成。测杆探头（头部有线型、膜型和球型三种）装有两个串联的热电偶和加热探头的镍铬丝圈。热电偶的冷端连接在碱铜质的支柱上，直接暴露在气流中，当一定大小的电流通过加热圈后，玻璃球被加热温度升高的程度与风速呈现负相关，引起探头电流或电压的变化，然后由仪器显示出来（表式），或通过显示器显示出来（数显式）。

2. 仪器

表式热球电风速计或数显式热球电风速计。其最低监测值不应大于 0.05 m/s。测量精度在 0.05～2.00 m/s 范围内，其测量误差不大于测量值的±10%。有方向性电风速计测定方向偏差在 5° 时，其指示误差不大于被测定值的±5%。

3. 测定步骤

（1）表式热球电风速计法

应轻轻调整电表上的机械调零螺丝，使指针调到零点。

“校正开关”置于“断”的位置，将测杆插头插在括座内，将测杆垂直向上放置。

将“校正开关”置于“满度”，调整“满度调节”旋钮，使电表置满刻度位置。

---

① 本方法参考《公共场所卫生检验方法　第 1 部分：物理因素》（GB/T 18204.1—2013）。

将“校正开关”置于“零位”，调整“精调”“细调”旋钮，将电表调到零点位置。

轻轻拉动螺塞，使测杆探头露出，测头上的红点应对准风向，从电表上读出风速的值。

（2）数显式热球电风速计法

打开电源开关，即可直接显示出风速，无须调整。

（3）根据表式或数显式热球电风速计测定的值（指示风速），查校正曲线，得实际风速。

（四）新风量的测定——示踪气体法[①]

1. 定义

新风量：在门窗关闭的状态下，单位时间内由空调系统通道、房间的缝隙进入室内的空气总量，单位：m^3/h。

空气交换率：单位时间（h）内由室外进入到室内容总量与该室室内空气总量之比，单位：h^{-1}。

示踪气体：在研究空气运动中，一种气体能与空气混合，而且本身不发生任何改变，并在很低的浓度时就能被测出的气体总称。

2. 原理

本标准采用示踪气体浓度衰减法。在待测室内通入适量示踪气体，由于室内外空气交换，示踪气体的浓度呈指数衰减，根据浓度随差时间的变化的值，计算出室内的新风量。

3. 仪器和材料

（1）袖珍或轻便型气体浓度测定仪。

（2）尺、摇摆电扇。

（3）示踪气体：无色、无味、使用浓度无毒、安全、环境本底低、易采样、易分析的气体。示踪气体环境本底水平及安全性资料见表 4-13。

表 4-13　示踪气体本底水平及安全性资料

气体名称	毒性水平	环境本底水平/（mg/m^3）
一氧化碳（CO）	人吸入 50 mg/（$m^3 \cdot h$）无异常	0.125～1.25
二氧化碳（CO_2）	车间最高允许浓度 9 000 mg/m^3	600
六氟化硫（SF_6）	小鼠吸入 48 000 $mg/m^3$4h 无异常	低于检出限
一氧化氮（NO）	小鼠 LC_{50} 1 090 mg/m^3	0.4
八氟环丁烷（C_4F_8）	大鼠吸入 80%（20%氧）无异常	低于检出限
三氟溴甲烷（$CBrF_3$）	车间标准 6 100 mg/m^3	低于检出限

4. 测定步骤

（1）室内空气总量的测定

① 用尺测量并计算出室内容积 V_1（m^3）。

② 用尺测量并计算出室内物品（桌、沙发、柜、床、箱等）总体积 V_2（m^3）。

③ 计算室内空气容积：

① 本方法参考《公共场所卫生检验方法　第 1 部分：物理因素》（GB/T 18204.1—2013）。

$$V=V_1-V_2$$

式中，V——室内空气容积，m^3；

V_1——室内容积，m^3；

V_2——室内物品总体积，m^3。

（2）测定的准备工作

① 按仪器使用说明校正仪器，校正后待用。

② 打开电源，确认电池电压正常。

③ 归零调整及感应确认，归零工作需要在清净的环境中调整，调整后即可进行采样测定。

（3）采样与测定

① 关闭门窗，在室内通入适量的示踪气体后，将气源移至室外，同时用摇摆扇搅动空气 3～5 min，使示踪气体分布均匀，再按对角线或梅花状布点采集空气样品，同时在现场测定并记录。

② 计算空气交换率：用平均法或回归方程法。

a. 平均法：当浓度均匀时采样，测定开始时示踪气体的 c_0，15 min 或 30 min 时再采样，测定最终示踪气体浓度 c_1（时间的浓度），前后浓度自然对数差除以测定时间，即为平均空气交换率。

b. 回归方程法：当浓度均匀时，在 30 min 内按一定的时间间隔测量示踪气体浓度，测量频次不少于 5 次。以浓度的自然对数对应的时间作图。用最小二乘法进行回归计算。回归方程式中的斜率即为空气交换率。

5．结果计算

（1）平均法计算平均空气交换率

$$A=（\ln\rho_0-\ln\rho_1）/t$$

式中，A——平均空气交换率，h^{-1}；

ρ_0——测量开始时示踪气体质量浓度，mg/m^3；

ρ_1——时间为 t 时气体质量浓度，mg/m^3；

t——测定时间，h。

（2）回归方程法计算空气交换率

$$\ln\rho_1=\ln\rho_0-At$$

$$y=a-bx$$

式中，ρ_1——t 时间的示踪气体质量浓度（$\ln\rho_1$ 相当于 y），mg/m^3；

A——空气交换率（相当于 b，即斜率），h^{-1}；

ρ_0——测量开始时示踪气体浓度（$\ln\rho_0$ 相当于截距 a），mg/m^3；

t——测定时间，h。

（3）新风量的计算

$$Q=AV$$

式中，Q——新风量，m^3/h；

A——空气交换率，h^{-1}；

V——室内空气容积，m^3。

注：若示踪气体本底浓度不为0时，则公式中的 c_1、c_0 需减本底浓度后再取自然对数进行计算。

第二节　室内装饰材料中有害物质分析测定

一、人造板中甲醛的测定

家具制造、室内装饰、装修大量采用胶合板、刨花板和中密度纤维板，而这些人造板材在制作中绝大部分采用脲醛树脂或改性的脲醛胶，不可避免地会使这些板材产生甲醛释放，其甲醛释放主要有3个来源：①制胶时尿素没有和甲醛完全反应，使胶中含有一部分游离甲醛，游离甲醛的浓度高低与所采用的摩尔比和制胶工艺有关。②板材热压过程中，胶粘剂固化不彻底，胶中一部分不稳定结构，如醚键、羟甲基团、亚甲基，发生分解而放出甲醛。③板材在堆放和使用过程中，由于受到外界温度、湿度、水分作用，固化后体型结构发生分解而释放甲醛。人造板材释放甲醛的过程是一个持续的过程，而且释放量随着季节和气温的变化而变化，将长期影响着室内环境。

（一）甲醛含量的测定①

在《室内装饰装修材料　人造板及其制品中甲醛释放限量》（GB 18580—2001）标准中推荐穿孔萃取法作为中密度纤维板、高密度纤维板、定向刨花板等中甲醛含量的测定方法。该方法操作简便，不需要使用环境试验舱这种昂贵设备，测定结果重复性好，测定时间短，不受环境各种参数影响，广泛用于板材工业生产的产品检验。

1. 原理

将溶剂甲苯与样板共热，通过液－固萃取使甲醛从板材中溶解出来，然后将溶有甲醛的甲苯通过穿孔器与水进行液－液萃取，把甲醛转溶于水中。水溶液中甲醛含量用乙酰丙酮比色法测定，结果用100 g干的样板中被萃取出的甲醛量（mg）表示。

2. 仪器和设备

（1）天平：感量0.001 g。

（2）电热鼓风恒温干燥箱：恒温精度±1℃，温度范围40～200℃。

（3）连续可调控温电热套：可调温度范围50～200℃。

（4）分光光度计：用5 mm比色皿，在波长412 nm下，测定吸光度。

（5）穿孔萃取仪：萃取装置见图4-7。

① 本方法参考《人造板及饰面人造板理化性能试验方法》（GB/T 17657—2013）。

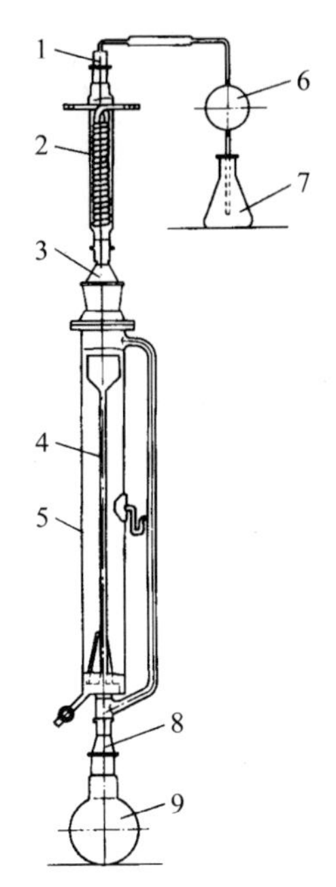

1，3，8—锥形连接管；2—Dimroth 冷凝管；4—内置过滤器；5—多孔套管；

6—（双）球管；7—250 mL 锥形烧瓶；9—1 000 mL 球形烧瓶

图 4-7　萃取装置

3. 试剂和材料

方法中所应用的试剂，除另有注明外，均为分析纯。实验用水均为蒸馏水或去离子水。

（1）甲苯：分析纯。

（2）乙酰丙酮溶液（0.4%）：量取 4 mL 乙酰丙酮于 1 000 mL 棕色容量瓶中，用水溶解。并加水至刻度线。摇匀，存储于暗处。

（3）乙酸铵溶液（200 g/L）：称量 200 g 乙酸铵于 500 mL 烧杯中，加蒸馏水至溶解后，转至 1 000 mL 棕色容量瓶中，稀释到刻度，摇匀，存储于暗处。

（4）碘溶液[c (1/2I_2)=0.1 mol/L]：称量 12.7 g 碘和 30 g 碘化钾，加水溶解，并用水稀释至 1 000 mL。

（5）碘酸钾标准溶液[c (1/6KIO_3)=0.100 0 mol/L]：准确称量 3.566 8 g，经过 105℃干燥 2h 的碘酸钾（优级纯），加水溶解后，移入 1 000 mL 容量瓶中，并加水至刻度线。

（6）淀粉溶液（5 g/L）：称量 0.5 g 可溶性淀粉，用少量水调成糊状后，再加刚煮沸的水至 100 mL，冷却后，加入 0.1 g 水杨酸保存。

（7）氢氧化钠溶液（1 mol/L）：称量 40 g 氢氧化钠，加水溶解，并用水稀释至 1 000 mL。

（8）硫酸溶液（0.5 mol）：向 500 mL 水中加入 28 mL 硫酸（优级纯）混匀后，再加水至 1 000 mL。

（9）硫代硫酸钠标准溶液[c ($Na_2S_2O_3$)=0.100 0 mol/L]：称量 26 g 硫代硫酸钠（$Na_2S_2O_3 \cdot 5H_2O$），溶于新煮沸冷却的水中，加入 0.2 g 无水碳酸钠，再用水稀释至 1 000 mL。储存于棕色瓶中，如浑浊应过滤。放置 1 周后，标定其准确浓度。

标定方法：同本章二氧化硫的测定中硫化硫酸钠标注溶液的标定方法。

（10）甲醛标准溶液：

① 甲醛标准贮备溶液：同本章甲醛的 AHMT 比色法中的方法。

② 甲醛标准工作液：临用时，将甲醛标准贮备液用水稀释成 1 mL 含 0.015 mg 甲醛的标准工作溶液。

4．取样和样品处理

（1）抽样方法：按检验方法规定的样品数量在同一地点、同一用途、同一规格的人造板中随机抽取 3 份样品，并立即用不含释放或吸附甲醛的包装材料将样品密封后待测。在生产企业抽取样品时，必须在生产企业等待出售的成品库内抽取样品。在经销企业抽取样品时，必须在经销现场或经销企业的待售成品库内抽取样品。在施工或使用现场抽取样品时，必须在同一地点、同一用途、同一规格的同一种产品中随机抽取。

（2）样板准备：将样板的每端各去除 50 cm 宽条，然后沿板宽方向均匀截取 25 mm× 25 mm 的受试板块 24 块，用于含水量测定；另截取 15 mm×20 mm 的受试板块，用于甲醛含量的测定。

5．分析步骤

（1）标准曲线的绘制：分别吸取 0.00 mL、1.00 mL、2.00 mL、4.00 mL、6.00 mL、8.00 mL、10.00 mL 甲醛标准工作液于 50 mL 具塞比色管中，各加水至 10.00 mL，加入 10 mL 乙酰丙酮溶液（0.4%）和 10 mL 乙酸铵溶液（200 g/L），加塞后，混匀，在（40±2）℃恒温箱中加热 15 min，然后避光冷却至室温（18～28℃约 1 h）。用 5 mm 比色皿，以水作参比，在波长 412 nm 下，测定吸光度。以甲醛的含量（mg）为横坐标，吸光度为纵坐标，绘制标准曲线，并计算回归线的斜率。以斜率的倒数作为样品测定的计算因子 B_s（mg）。

（2）样品分析

① 含水量的测定：用 6～8 块受试板块为一组样品，进行不等试验，测定含水量。将样品放入经（103±2）℃干燥恒重的小烧杯（小烧杯恒重量为 m_0）中，称重（m_1）。然后放入（103±2）℃恒温干燥箱中通风干燥约 12 h 后，取出，放入干燥器中冷却至室温，称量至质量恒定（m_2）。连续两次称重中受试板块质量相差不超过 0.1%时，方可视为达到恒重质量。

样板的含水量按下式计算，精确至 0.1%。

$$H(\%)=\frac{m_1-m_2}{m_1-m_0}\times 100$$

② 仪器安装和校验：先将仪器如图 4-7 所示安装，并固定在铁座上。采用套式恒温器加热烧瓶。将 500 mL 甲苯加入 1 000 mL 具有标准磨口的圆底烧瓶中，另将 100 mL 甲苯及 1 000 mL 蒸馏水加入萃取管内。然后开始蒸馏。调节加热器，使回流速度保持为 30 mL/min，回流时萃取管中液体温度不得超过 40℃，若温度超过 40℃，必须采取降温措施，以保证甲醛在水中的溶解。

③ 萃取操作：关上萃取管底部的活塞，加入 1 L 蒸馏水，同时加入 100 mL 蒸馏水于有液封装置的三角烧瓶中。倒 600 mL 甲苯于圆底烧瓶中，并加入 105～110 g 的样板，精确至 0.01 g。安装妥当，保证每个接口紧密而不漏气，可涂上凡士林或“活塞油脂”，打开

冷却水，然后进行加热，使甲苯沸腾开始回流，记下第一滴甲苯冷却下来的准确时间，继续回流 2 h。在此期间保持 30 mL/min 的恒定回流速度，这样，既可以防止液封三角瓶中的水虹吸回到萃取管中，又可以使穿孔器中的甲苯液柱保持一定高度，使冷凝下来的带有甲醛的甲苯，从穿孔器的底部穿孔而出并溶入水中。因甲苯相对密度小于 1，浮在水面之上，并通过萃取管的小虹吸管返回到烧瓶中。液—固萃取过程持续 2 h。在整个加热萃取过程中，应有专人看管，以免发生意外事故。

在萃取结束时，移开加热器，让仪器迅速冷却，此时三角瓶中的液封水会通过冷凝管回到萃取管中，起到了洗涤仪器上半部的作用。

萃取管的水面不能超过图 4-7 所示的最高水位线，以免吸收甲醛的水溶液通过小虹吸管进入烧瓶。为了防止上述现象，可将萃取管中吸收液转移一部分至 2 000 mL 容量瓶，再向锥形瓶加入 200 mL 蒸馏水，直到此系统中压力达到平衡。

开启萃取管底部的活塞，将甲醛吸收液全部转至 2 000 mL 容量瓶中，再加入两份 200 mL 蒸馏水到三角瓶中，并让它虹吸回流到萃取管中，合并转移到 2 000 mL 容量瓶中，将容量瓶用蒸馏水稀释到刻度，摇匀，待定量。

在萃取过程中若有漏气或停电间断，此项试验需重做。试验用过的甲苯属易燃品，应妥善处理，若有条件可重蒸脱水，回收利用。

④ 比色测定

a．用移液管量取 10 mL 乙酰丙酮溶液和 10 mL 乙酸铵溶液于 50 mL 具塞比色管中，再准确加入 10 mL 样品萃取后的待测液，加塞，混匀。然后，按绘制标准曲线的操作步骤，测定吸光度。

b．在每块样板测定的同时，用 10 mL 蒸馏水按样品处理和分析的相同操作步骤做试剂空白测定。

c．每张样板应取两份样品，同时做平行测定。甲醛含量以平行测定的算术平均值表示，精确至 0.1 mg。

6．计算

甲醛含量按下式计算，精确至 0.1 mg：

$$c=\frac{(A-A_0)\times B_s\times(100+H)\times V}{m\times 10}$$

式中，c——100 g 干板中含甲醛的毫克数，mg/100 g；

A——样品溶液的吸光度；

A_0——试剂空白溶液的吸光度；

B_s——用标准溶液绘制的标准曲线得到的计算因子；

m——用于萃取试验的样板质量，g；

H——样板的含水量，%；

V——样品溶液的体积，2 000 mL。

7．说明

（1）胶合板的甲醛释放量测定：如采用穿孔萃取法，会出现两个问题：一是胶合板密度差异很大。胶粘剂和工艺生产完全相同的胶合板因不同密度，100 g 样品的测定值可能存在 1～2 倍的差异；二是密度低的胶合板浮在甲苯上，影响固液萃取，因此胶合板的甲醛释放量测定采用干燥器法比较合理。

（2）判定和复验规则：在随机抽取的 3 份样品中，任取一份样品按本法测定甲醛含量。如果测定结果达到 GB 18580—2001 规定的要求，则判定为合格；如果测定结果不符合要求，则对另外两份样品再测定。如两份样品中只有一份达到要求，或两份样品均不符合规定要求，判定为不合格。

（3）测试报告：项目应包括测试日期、采样日期、板的来源、板的类型、板的厚度（mm）、板的密度（kg/m^3）、含水量（%）、甲醛含量（mg/100 g 干燥板）等。

（二）甲醛释放量的测定①

1．干燥器法

在《室内装饰装修材料　人造板及其制品中甲醛释放限量》（GB 18580—2001）标准推荐干燥器法作为测定胶合板、装饰单板贴面胶合板、细木工板和各种饰面板（包含浸渍纸层压木质地板、实木复合地板、竹地板、浸渍胶膜饰面人造板等）中甲醛释放量的方法。

（1）原理

在干燥器底部放置盛有蒸馏水的结晶皿，在其上方固定的金属支架上放置样板，释放出的甲醛被蒸馏水吸收后作为样品溶液。用乙酰丙酮比色法测定样品溶液中甲醛质量浓度（mg/L）。

（2）仪器和设备

① 金属支架：见图 4-8。

② 结晶皿：（A）直径 120 mm，深度 60 mm；（B）直径 57 mm，深度 50～60 mm。

③ 分光光度计：用 10 mm 比色皿，在波长 412 nm 下测定吸光度。

④ 天平：感量 0.01 g。

⑤ 干燥器：直径 240 mm，（A）容积 9～11 L；（B）容积 40 L。

（3）试剂和材料

所用试剂见上述穿孔器萃取法。

（4）取样和样品处理

① 抽样方法：同本节穿孔器萃取法。试样四边用不含甲醛的铝带密封，被测表面 450 cm^2。密封于聚乙烯塑料袋中、放置在温度为（20±1）℃的恒温箱中至少 1 d。

② 甲醛的收集：如图 4-8（a）所示，在直径为 240 mm（容积 9～11 L）的干燥器底部放置直径 120 mm、深度 60 mm 的结晶皿，在结晶皿内加入 300 mL 蒸馏水。在干燥器上部放置金属支架，如图 4-8（b）、（c）所示。金属支架上固定 10 块样板，样板尺寸：长 150 mm±2 mm，宽 50 mm±1 mm。样板之间互不接触。测定装置在（20±2）℃下放置 24 h，用蒸馏水吸收从样板释放出的甲醛，此溶液作为待测样品溶液。

① 本方法参考《人造板及饰面人造板理化性能试验方法》（GB/T 17657—2013）。

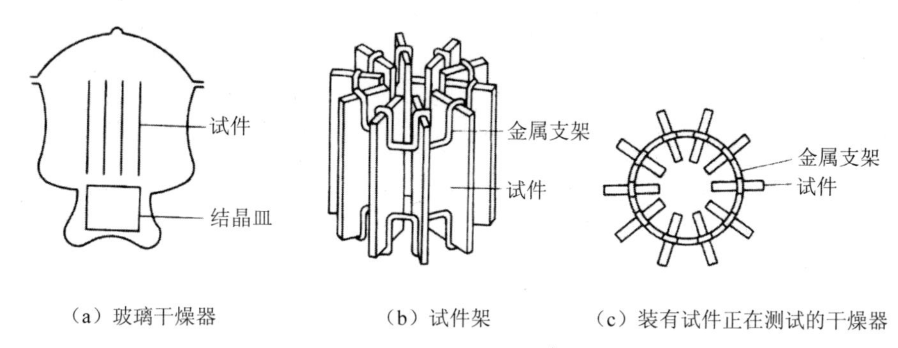

（a）玻璃干燥器　　（b）试件架　　（c）装有试件正在测试的干燥器

图 4-8　干燥法测试装置

（5）分析步骤

① 绘制标准曲线：标准曲线的绘制同穿孔器萃取法。

② 样品测定：取 100 mL 样品溶液按穿孔器萃取法测定。每一张板应取两份样品，同时做平行测定，甲醛含量以平行测定的算术平均值表示，精确至 0.1 mg/L。

（6）计算

$$\rho = \frac{(A - A_0) \times B_s}{10} \times 1\,000$$

式中，ρ——吸收液中甲醛的质量浓度，mg/L；

A——样品溶液的吸光度；

A_0——试剂空白的吸光度；

10——样品溶液的体积，mL。

（7）说明

干燥器法适用范围和限量值：9～11 L 的干燥器，结晶皿直径 120 mm、深度 60 mm，用于测定胶合板、装饰单面板、贴面胶合板、细木工板等甲醛释放量。容积为 40 L 的干燥器，结晶皿直径 57 mm、深度 50～60 mm，适用于测定饰面人造板甲醛释放量。

2．气候箱法

（1）原理

将 1 m^2 表面积的样品放入温度、相对湿度、空气流速和空气置换率控制在一定值的气候箱内。甲醛从样品中释放出来，与箱内空气混合，定期抽取箱内空气，将抽出的空气通过盛有蒸馏水的吸收瓶，空气中的甲醛全部溶入水中；测定吸收液中的甲醛量及抽取的空气体积，计算出每立方米空气中的甲醛量，以毫克每立方米（mg/m^3）表示，抽气是周期性的，直到气候箱内的空气中甲醛浓度达到稳定状态为止。

（2）设备

① 气候箱：容积为 1 m^3，箱体内表面应为惰性材料，不会吸附甲醛。箱内应有空气循环系统以维持箱内空气充分混合及试样表面的空气速度为 0.1～0.3 m/s。箱体上应有调节空气流量的空气入口和空气出口装置。

空气置换率维持在（1.0±0.05）h^{-1}，要保证箱体的密封性。进入箱内的空气甲醛浓度在 0.006 mg/m^3 以下。

② 温度和相对湿度调节系统：应能保持箱内温度为（23±0.5）℃，相对湿度为

（45±3）%。

③ 空气抽样系统：空气抽样系统包括抽样管、2 个 100 mL 的吸收瓶、硅胶干燥器、气体抽样泵、气体流量计、气体计量表。

（3）试剂、溶液配制、仪器

① 试剂按中《人造板及饰面人造板理化性能试验方法》（GB/T 17657—2013）的规定。

② 溶液配制按《人造板及稀面人造板理化性能试验方法》（GB/T 17657—2013）的规定。

③ 仪器除金属支架、干燥器、结晶皿外，其他按《人造板及稀面人造板理化性能试验方法》（GB/T 17657—2013）的规定。

（4）试样

试样表面积为 1 m^2（双面计。长=1 000 mm±2 mm，宽=500 mm±2 mm，1 块；或长= 500 mm±2 mm，宽=500 mm±2 mrn，2 块），有带榫舌的凸出部分应去掉，四边用不含甲醛的铝胶带密封。

（5）试验步骤

① 气候箱的准备和测试条件

温度：（23±0.5）℃；

相对湿度：（45±3）%；

承载率：（1.0±0.02）m^2/m^3；

空气置换率：（1.0±0.05）h^{-1}；

试样表面空气流速：0.1～0.3 m/s。

② 样品测定

试样在气候箱的中心垂直放置，表面与空气流动方向平行。气候箱检测持续时间至少为 10 d，第 7 天开始测定。甲醛释放量的测定每天 1 次，直至达到稳定状态。当测试次数超过 4 次，最后 2 次测定结果的差异小于 5%时，即认为已达到稳定状态。最后 2 次测定结果的平均值即为最终测定值。如果在 28 d 内仍未达到稳定状态，则用第 28 天的测定值作为稳定状态时的甲醛释放量测定值。空气取样和分析时，先将空气抽样系统与气候箱的空气出口相连接。2 个吸收瓶中各加入 25 mL 蒸馏水，开动抽气泵，抽气速度控制在 2 L/min 左右，每次至少抽取 100 L 空气。每瓶吸收液各取 10 mL 移至 50 mL 容量瓶中，再加入 10 mL 乙酰丙酮溶液和 10 mL 乙酸铵溶液，将容量瓶放至 40℃的水浴中加热 15 min，然后将溶液静置暗处冷却至室温（约 1h）。在分光光度计的 412 nm 处测定吸光度。与此同时，要用 10 mL 蒸馏水和 10 mL 乙酰丙酮溶液、10 mL 乙酸铵溶液平行测定空白值。吸收液的吸光度测定值与空白吸光度测定值之差乘以校正曲线的斜率，再乘以吸收液的体积，即为每个吸收瓶中的甲醛量。2 个吸收瓶的甲醛量相加，即得甲醛的总量。甲醛总量除以抽取空气的体积，即得每立方米空气中的甲醛浓度值，以毫克每立方米（mg/m^3）表示。由于空气计量表显示的是检测室温度下抽取的空气体积，而并非气候箱内 23℃时的空气体积。因此，空气样品的体积应通过气体方程式校正到标准温度 23℃时的体积。

分光光度计用校准曲线和校准曲线斜率的确定按《人造板及稀面人造板理化性能试验方法》（GB/T 17657—2013）的规定。

二、油漆涂料中苯及苯系物的测定

油漆涂料中苯及苯系物的测定通常采用气相色谱法。

（一）原理

苯及苯系物主要包括苯、甲苯、二甲苯等。样品经稀释后，在色谱柱中将苯、甲苯、二甲苯与其他组分分离，用氢火焰离子化检测器检测，以内标法定量。

（二）仪器、设备及测定条件

1．仪器和设备

（1）气相色谱仪：配有程序升温（大于 180℃）控制器、氢火焰离子化检测器，汽化器内衬可更换玻璃管。

（2）进样器：微量注射器，10 μL。

（3）配样瓶：容积约 5 mL，具有可密封瓶盖。

2．色谱测定条件

（1）色谱分离柱：

聚乙二醇（PEG）20M 柱：长 2 m，固定相为 10%PEG 20M 涂于 Chromosorb W AW 125～149 μm 担体上。

阿匹松 M 柱：长 3 m，固定相为 10% 阿匹松 M 涂于 Chromosorb W AW 149～177 μm 担体上。

（2）柱温：

聚乙二醇（PEG）20M 柱：初始温度 60℃，恒温 10 min，再进行程序升温，升温速率 15℃/min，最终温度 180℃，保持 5 min，保持至基线走直。

阿匹松 M 柱：初始温度 120℃，恒温 15 min，再进行程序升温，升温速率 15℃/min，最终温度 180℃，保持 5 min，保持至基线走直。

（3）检测器温度：200℃。

（4）汽化室温度：180℃。

（5）载气流速：30 mL/min。

（6）燃烧气流速：50 mL/min。

（7）助燃气流速：500 mL/min。

（8）进样量：1 μL。

（三）试剂和材料

所用试剂除注明规格的外均为分析纯。具体如下：

载气（氮气，纯度≥99.8%）；燃气（氢气，纯度≥99.8%）；助燃气（空气）；乙酸乙酯；苯；甲苯；二甲苯；内标物（正戊烷，色谱纯）；固定液［聚乙二醇（PEG）20M，色谱专用］；固定液（阿匹松 M，色谱专用）；担体（Chromosorb W AW 149～177 μm 和 125～149 μm）；不锈钢柱（内径 2 mm，长 2 m 和 3 m 各 1 根）。

（四）取样和样品处理

1．检查样品包装：记录包装外观、品名、生产日期、生产厂家等信息。

2．记录样品性状：开启包装后，记录样品性状，包括颜色、气味、黏稠度、均匀性、是否结皮、有无杂质和沉淀、是否分层。

3．混匀：使用玻璃棒搅动样品，使样品混合均匀，避免产生气泡。

4．取样：使用规定的取样器或者一次性滴管、注射器吸取一定量的样品。

（五）试验步骤

按照仪器操作规程开启仪器。根据色谱测定条件规定的参数要求进行调整，使仪器的灵敏度、稳定性和分离效率均处于最佳状态。

1．标准样品的配制

在 5 mL 样品瓶中分别称取苯、甲苯、二甲苯及内标物正戊烷各 0.02 g（精确至 0.000 2 g），加入 3 mL 乙酸乙酯作为稀释剂，密封并摇匀。注意：每次称量后应立即将样品瓶盖紧，防止样品挥发损失。

2．相对校正因子的测定

待仪器稳定后，吸取 1 μL 标准样品注入气化室，记录色谱图和色谱数据。在聚乙二醇（PEG）20M 柱和阿匹松 M 柱上分别测定相对校正因子。

3．相对校正因子的计算

苯、甲苯、二甲苯各自对正戊烷的相对校正因子 f_i 按下式分别计算：

$$f_i = \frac{m_i \cdot A_{c_s}}{m_{c_s} \cdot A_i}$$

式中，f_i——苯、甲苯、二甲苯各自对正戊烷的相对校正因子；

m_i——苯、甲苯、二甲苯各自的质量，g；

A_{c_s}——正戊烷的峰面积；

m_{c_s}——正戊烷的质量，g；

A_i——苯、甲苯、二甲苯各自的峰面积。

连续平行测得苯、甲苯、二甲苯各自对正戊烷的相对校正因子 f_i，平行样品的相对偏差均应小于 10%。

4．样品的测定

将样品搅拌均匀后，在样品瓶中称入 2 g 样品和 0.02 g 正戊烷（均精确至 0.000 2 g），加入 2 mL 乙酸乙酯（以能进样为宜，测稀释剂时不再加乙酸乙酯），密封并摇匀。

在相同于测定相对校正因子的色谱条件下对样品进行测定，记录各组分在色谱柱上的色谱图和色谱数据。如遇特殊情况不能明确定性时，分别记录两根柱上的色谱图和色谱数据。根据苯、甲苯、二甲苯各自对正戊烷的相对保留时间进行定性。

（六）计算

苯、甲苯、二甲苯各自的质量分数（%）分别按下式计算：

$$\varphi_i = f_i \frac{m_{c_s} \cdot A_i}{m \cdot A_{c_s}} \times 100$$

式中，φ_i——试样中苯、甲苯、二甲苯各自的质量分数；

f_i——苯、甲苯、二甲苯各自对正戊烷的相对校正因子；

m_{c_s}——正戊烷的质量，g；

A_i——试样中苯、甲苯、二甲苯各自的峰面积；

m——试样的质量，g；

A_{c_s}——正戊烷的峰面积。

取平行测定两次结果的算术平均值作为试样中苯、甲苯、二甲苯的测定结果。同一操作者两次测定结果的相对偏差应小于 10%。

三、油漆涂料中挥发性有机物的测定

（一）原理

在规定的加热温度和时间烘烤涂料样品，称量烘烤前后质量，计算失重和残留物样品的百分数（水性涂料还需减去水量）。通过测定密度，换算出每升样品中含有的挥发物量。

（二）仪器和设备

1．玻璃、马口铁或铝质平底盘：直径约 75 mm。
2．细玻璃棒：长约 100 mm。
3．鼓风恒温烘箱：温度控制在（105±1）℃。
4．玻璃干燥器：内放干燥剂。
5．天平：感量为 0.000 1 g。
6．Karl Fischer 水分滴定仪。
7．注射器：10 μL。
8．一次性滴管或注射器：3～5 mL。

（三）试剂和材料

1．蒸馏水或去离子水。
2．醛酮专用 Karl Fischer 试剂（包括滴定剂和溶剂）。

（四）取样和样品处理

同油漆涂料中苯及苯系物的测定。

（五）分析步骤

1．挥发物的测定

（1）试样准备：将平底盘和玻璃棒放入烘箱中，在试验温度下干燥 3 h，取出后放入干燥器中，在室温下冷却。称量带有玻璃棒的盘，准确到 1 mg。然后把（2±0.2）g 的混合均匀的待测样品加入盘中称量，也准确到 1 mg，样品要均匀地布满整个盘子的底部。

如产品含有高挥发性溶剂或对照试验，用称量瓶或合适的注射器以减量法称重。如产品很黏或会结皮时，则用玻璃棒将试样均匀散开，必要的话，可先加入 2 mL 适当溶剂稀释。

（2）称重测定：

① 将烘箱调到规定的温度（105±2）℃。把带有试样的盘子及玻璃棒放入烘箱中，在该温度下放置 3 h。加热一段时间后，将玻璃棒和盘子从烘箱中取出，用玻璃棒拨开表面漆膜，将物质搅拌一下，再放回烘箱内。

② 达到规定的加热时间时，将盘子和玻璃棒放入干燥器内。冷却到室温，然后称重，准确到 1 mg。

③ 试验次数：对同一个样品，需要测定平行样。

2．水性涂料（内墙涂料）中水分的测定

（1）卡尔费休（Karl Fischer）滴定法

方法主要依据：$I_2+SO_2+2H_2O=2HI+H_2SO_4$ 测定水分含量。按 Karl Fischer 水分滴定仪说明书，完成滴定剂的标定和样品中水含量测定。

① Karl Fischer 滴定剂的标定

a. 在滴定瓶中注入 40 mL 左右溶剂以覆盖电极。

b. 用 Karl Fischer 滴定剂进行预滴定，以消除溶剂中含有的微量水分。

c. 用 10 μL 注射器取纯水，注入滴定瓶中，将减量法称得的水重（准确至 0.1 mg）录入到滴定仪中。

d. 用 Karl Fischer 滴定剂滴定，记录滴定结果。

e. 重复标定，至相邻两次的结果相差小于 1%，求出两次标定的平均值，并输入到滴定仪中。

② 样品中水含量（%）测定

a. 对于黏度不大的涂料可使用一次性滴管取样，黏度大的样品可使用一次性注射器。向滴定瓶中滴加 1 滴涂料样品，减量法测定加入的样品量，精确到 0.1 mg，并输入到滴定仪中。

b. 用 Karl Fischer 滴定剂滴定，记录滴定结果。

c. 重复测定，同一分析者得到的两次分析结果相对误差不得大于 3.5%。

（2）气相色谱法

① 试剂

a. 蒸馏水（符合 GB/T 6682—2008）。

b. 无水二甲基甲酰胺（DMF）。

c. 无水异丙醇：分析纯。

② 仪器

a. 气相色谱仪：配有热导检测器。

b. 色谱柱：柱长 1 m，外径 3.2 mm，填装 177～250 μm 的高分子多孔微球的不锈钢柱，对于程序升温，柱温的初始温度 80℃，保持 5 min，升速 30℃/min，终温 170℃，保持 5 min；对于恒温，柱温为 140℃，在异丙醇完全出完后，把柱温调到 170℃，待 DMF

峰出完。若继续测试，再把柱温降到 140℃。

c. 记录仪。

d. 微量注射器：1 μL，20 μL。

e. 具塞玻璃瓶：10 mL。

③ 试验步骤

a. 测定水的响应因子 R：在同一具塞玻璃瓶称 0.2 g 左右的蒸馏水和 0.2 g 左右的异丙醇，精确至 0.1 mg，加入 2 mL 的二甲基甲酰胺，混匀。用微量注射器进 1 μL 的标准混样，记录其色谱图。

按下式计算水的响应因子 R：

$$R=\frac{m_i A_{H_2O}}{m_{H_2O} A_i}$$

式中，m_i——异丙醇质量，g；

m_{H_2O}——水的质量，g；

A_{H_2O}——水峰面积；

A_i——异丙醇峰面积。

若异丙醇和二甲基甲酰胺不是无水试剂，则以同样量的异丙醇和二甲基甲酰胺（混合液）但不加水作为空白，记录空白的水峰面积 B。此时用（$A_{H_2O}-B$）替代上式中 A_{H_2O} 再计算 R。

b. 样品分析：称取搅拌均匀后的试样 0.6 g 和 0.2 g 的异丙醇，精确至 0.1 mg，加入具塞玻璃瓶中，再加入 2 mL 二甲基甲酰胺，盖上瓶盖，同时准备一个不加涂料的异丙醇和二甲基甲酰胺作为空白样。用力摇动装有试样的小瓶 15 min，放置 5 min，使其沉淀，也可使用低速离心机使其沉淀。吸取 1 μL 试样瓶中的上清液，注入色谱仪中，并记录其色谱图。按下式计算涂料中水的质量分数：

$$H_2O\%=\frac{(A_{H_2O}-B)m_i}{A_i m_p R}\times 100\%$$

式中，A_{H_2O}——水峰面积；

B——空白中水峰面积；

A_i——异丙醇峰面积；

m_i——异丙醇质量，g；

m_p——涂料质量，g；

R——响应因子。

3. 涂料密度的测定

（1）比重瓶的校准：用铬酸溶液、蒸馏水和蒸发后不留下残余物的溶剂依次清洗玻璃或金属比重瓶，并将其充分干燥。将比重瓶放置到试验温度（23℃或其他确定温度）下，并称重（精确到 0.2 mg）。在低于试验温度不超过 1℃的温度下，在比重瓶中注满蒸馏水，注意防止产生气泡。将比重瓶放在恒温水浴（试验温度±0.5℃）中直至瓶和瓶中所含物的温度恒定为止。擦去溢出物，擦干瓶壁，立即称量瓶重。

（2）产品密度的测定：用产品代替蒸馏水，重复上述测定步骤。

（六）计算

1．挥发物（V）或不挥发物（NV）的质量分数（%）

$$V=\frac{m_1-m_2}{m_1}\times 100\%$$

$$NV=\frac{m_2}{m_1}\times 100\%$$

式中，m_1——加热前试样的质量，g；

m_2——在规定的条件下加热后试样的质量，g。

以各项测定的算术平均值作为结果，用质量百分数表示，取一位小数。

2．挥发性有机化合物（VOC）含量

（1）产品密度

① 比重瓶的容积 V（以 mL 表示）

$$V=\frac{W_1-W_0}{\rho}$$

式中，W_0——空比重瓶的质量，g；

W_1——比重瓶及水的质量，g；

ρ——水在 23℃或其他确定温度下的密度，g/mL。

② 产品的密度ρ_t（以 g/mL 表示）：

$$\rho_t=\frac{W_2-W_0}{V}$$

式中，W_0——空比重瓶的质量，g；

W_2——比重瓶及产品的质量，g；

V——在试验温度下所测得的比重瓶的体积，mL；

t——试验温度（23℃或其他确定温度）。

（2）溶剂型涂料中挥发性有机化合物的含量

$$\mathrm{VOC}=w\times\rho$$

式中，VOC——涂料中挥发性有机物含量，g/L；

w——涂料中挥发性物质量分数，%；

ρ——涂料的密度，g/L。

（3）水性涂料中挥发性有机化合物的含量

$$\mathrm{VOC}=(w-w_{\mathrm{H_2O}})\times\rho$$

式中，VOC——涂料中挥发性有机物含量，g/L；

w——涂料中挥发性物质量分数，%；

$w_{\mathrm{H_2O}}$——涂料中水分质量分数，%；

ρ——涂料的密度，g/L。

四、油漆涂料中重金属的测定

铅、镉、汞、铬是常见的重金属污染物，其可溶物对人体有明显危害。涂料中重金属主要来源于着色颜料，如红丹、铅铬黄、铅白等。此外，由于无机颜料通常是从天然矿物中提炼，并通过一系列化学物理反应制成的，因此难免夹带微量重金属杂质。涂料中可溶性重金属（铅、镉、汞、铬）的定量分析是将样品经刷膜处理后，再用稀酸浸提，用原子吸收分光光度法测定。

（一）原理

涂刷于玻璃板上的涂料按规定方法养护成膜干燥后，研磨过筛，用规定的稀酸进行浸提，将浸提液过滤，用原子吸收分光光度法测定，汞用原子荧光光度法或冷原子吸收法测定。

（二）仪器和设备

1．振荡器或超声波发生器。
2．原子吸收分光光度计（石墨炉装置、火焰装置）。
3．原子荧光光度计。
4．铅、镉、汞、铬空心阴极灯。
5．研磨机或研钵。
6．尼龙筛网：40 目（0.45 μm）。
7．玻璃板、玻璃漏斗和 25 mL 具塞比色管。
以上玻璃器皿均经（1+1）HNO_3 浸泡 24 h，并用去离子水淋洗 3 次。

（三）试制和材料

1．去离子水：符合 GB 6682 的规定，纯度至少为三级纯水。
2．HCl：优级纯。
3．HNO_3：优级纯。
4．HCl 溶液：0.07 mol/L。
5．慢速定量滤纸。

6．铅、镉、汞、铬混合标准贮备液：分别准确称取 0.050 0 g 铅、镉、汞、铬光谱纯或优级纯金属（99.99%），用 5 mL（1+1）HCl 和 5 mL HNO_3 溶解，移入 500 mL 容量瓶中，用 0.07 mol/L HCl 溶液稀释至刻度，上述溶液每毫升含相应元素 0.1 mg，储于聚四氟乙烯瓶中，冰箱内保存。

7．铅、镉、汞、铬混合标准使用液：临用时，吸取 10.0 mL 上述标准贮备液于 100 mL 容量瓶中，用 0.07 mol/L HCl 溶液稀释至刻度，并充分摇匀，该溶液每毫升含各金属元素 0.01 mg。

（四）取样和样品处理

1．取样方法

同本节挥发性有机化合物测定。

2．样品处理

① 刷膜和养护：将涂料样品充分搅拌以确保采样具有代表性，有结皮的先去除结皮及外来其他的杂质，然后用干净的毛刷将样品均匀地涂于玻璃板上，在室内干净的环境中自然养护，使其自然干燥，养护时间根据涂料种类的不同而有所差异（见表 4-14）。

表 4-14 涂料刷膜养护时间

涂料种类	自然养护时间/d	涂料种类	自然养护时间/d
硝基漆	1	聚氨酯漆	7
醇酸漆	2	水性涂料	7

如为聚氨酯漆则事先要将漆样、固化剂以及稀释剂按使用时要求的比例混合均匀，再进行刷膜。

② 研磨和过筛：将养护完毕的漆膜刮下后，用研磨机或研钵研磨至全部通过 40 目尼龙筛为止，四分法准确取样 0.5 g 左右，精确至 0.000 1 g。

③ 浸提和过滤：向已称好的样品粉末中加入 25 mL 0.07 mol/L 的 HCl（如在 4 h 之内不能完成测定，则改用 1.00 mol/L 的 HCl），振荡器上振荡 1 h 或用超声波超声 1 h 浸提可溶性金属元素，然后用慢速定量滤纸过滤，滤液待测。

（五）分析步骤

1．测试条件

根据原子吸收分光光度计和原子荧光光度计的型号和性能制定测定各金属元素的最佳测试条件。

2．标准曲线的绘制

取 6 个 100 mL 容量瓶，按表 4-15 加入 0.01 mg/mL 混合标准使用液，用 0.07 mol/L 的 HCl 稀释至刻度，配制标准溶液系列，如表 4-15 所示。

表 4-15 标准溶液系列

编号	0	1	2	3	4	5
标准使用液体积/mL	0.00	2.00	5.00	10.00	15.00	20.00
铅、镉、汞、铬浓度/（mg/mL）	0.00	0.20	0.50	1.00	1.50	2.00

在原子吸收分光光度计的最佳测试条件下，测定各瓶溶液的吸光度，各浓度点做 3 次测定，取平均值，以吸光度的平均值对各相应金属元素的浓度（mg/mL）分别绘制标准曲线。

3．样品的测定

按与标准曲线绘制相同的测试条件测定样品滤液（漆膜滤液）的吸光度，从标准曲线上查得相应的各元素的浓度值。

同时，另取一支 25 mL 的比色管，不加样品粉末，按与样品处理和分析相同的步骤做试剂空白测定。

（六）计算

$$w=\frac{(\rho-\rho_0)\times 25\times 10^{-3}}{m}$$

式中，w——涂料中可溶性金属相对于样品漆膜粉末的含量，g/kg；

ρ——样品滤液中金属元素的质量浓度，mg/L；

ρ_0——试剂空白中金属元素的质量浓度，mg/L；

m——样品漆膜粉末质量，g；

25——浸提酸的总体积，mL；

10^{-3}——mL 换算成 L 的换算系数。

五、混凝土外加剂中氨气释放量的测定

混凝土外加剂是指在拌制混凝土过程中渗入，用以改善混凝土性能的物质。含有尿素和氨水的混凝土防冻剂是一类常用的混凝土外加剂。这类含有大量氨类物质的外加剂在墙体中随着温度、湿度等环境因素的变化而还原成氨气从墙体中缓慢释放出来，造成室内空气中氨的浓度大量增加，特别是夏季气温较高，氨从墙体中释放速度较快，造成室内空气氨浓度严重超标。随着外加剂在住宅和公共建筑物工程的广泛使用，外加剂中一些对人体有害的组分逐渐释放出来，加之现代公共建筑物的密闭化，造成室内空气污染问题日益突出。

（一）原理

混凝土外加剂试样样品在碱性溶液中蒸馏出氨，用过量硫酸标准溶液吸收，以甲基红—亚甲基蓝混合指示剂为指示剂，用氢氧化钠标准溶液滴定过量硫酸，根据滴定结果，计算试样释放出的氨量。

（二）仪器和设备

1．分析天平：感量 0.001 g。
2．玻璃蒸馏器：500 mL。
3．烧杯：300 mL。
4．量筒：250 mL。
5．移液管：20 mL。
6．碱性滴定管：50 mL。
7．电炉：1 000 W。

（三）试剂和材料

本方法所涉及的水为蒸馏水或同等纯度的水，所涉及的化学试剂除特别注明外，均为分析纯化学试剂。

1．盐酸：（1+1）溶液。

2．硫酸标准溶液：$c(1/2H_2SO_4)$=0.1 mol/L。

3．氢氧化钠溶液：$c(NaOH)$=0.1 mol/L。

4．甲基红—亚甲基蓝混合指示剂：将 50 mL 甲基红乙醇溶液（2 g/L）和 50 mL 亚甲蓝乙醇溶液（1 g/L）混合。

5．广泛 pH 试纸。

6．氢氧化钠。

（四）取样和样品处理

1．取样和留样

在同一编号外加剂中随机抽取 1 kg 样品混合均匀，分成两份，一份密封 3 个月；一份作为试样样品。

2．试样的处理

固体样品需在干燥器中放置 24 h 后测定，液体试样可直接称量。将试样搅拌均匀，分别称取两份各约 5 g 试料，精确至 0.001 g，放入两个 300 mL 烧杯中，加水溶解。如试料中有不溶物，采用步骤②处理。

① 可水溶的试料：往盛有试料的 300 mL 烧杯中加入水，移入 500 mL 玻璃蒸馏器中，控制总体积 200 mL，备蒸馏。

② 含有可能保留有氨水的不溶物的试料：在盛有试料的 300 mL 烧杯中加入 20 mL 水和 10 mL 盐酸溶液，搅拌均匀，放置 20 min 后过滤，收集滤液至 500 mL 玻璃蒸馏器中，控制总体积 200 mL，备蒸馏。

（五）分析步骤

1．样品蒸馏

在备蒸馏的溶液中加入数粒氢氧化钠，用广泛 pH 试纸试验，调整溶液 pH＞12，加入几粒防爆玻璃珠。准确移取 20 mL 硫酸标准溶液于 200 mL 量筒中，加入 3～4 滴混合指示剂，将蒸馏器出液口玻璃管插入量筒底部的硫酸溶液中。检查蒸馏器连接无误，并确保密封后，加热蒸馏。收集蒸馏液达 180 mL，停止加热。卸下蒸馏瓶，用水冲洗冷凝管，并将洗涤液收集在量筒中。

2．样品滴定

将量筒中的溶液移入 300 mL 烧杯中，洗涤量筒，将洗涤液并入烧杯中。用氢氧化钠标准溶液回滴过量的硫酸标准溶液，直到指示剂由亮紫色变为灰绿色。记录消耗氢氧化钠标准溶液的体积为 V_1。

3．空白滴定

在测定的同时，按同样的分析步骤、试剂和用量，不加试料进行空白滴定，记录空白滴定消耗氢氧化钠标准溶液体积 V_2。

（六）计算

$$w=\frac{(V_2-V_1)c\times 0.017\,03}{m}\times 100\%$$

式中，w——混凝土外加剂中释放氨的量，%；

c——氢氧化钠标准溶液的物质量的浓度，mol/L；

V_1——样品滴定消耗氢氧化钠标准溶液的体积，mL；

V_2——空白滴定消耗氢氧化钠标准溶液的体积，mL；

0.017 03——1.00 mL 氢氧化钠标准溶液[c (NaOH)=1.000 mol/L]相当的氨的质量，g/mmol；

m——试料质量，g。

取两次平行测定结果的算术平均值为测定结果。两次平行测定结果的绝对差值大于0.01%时，需重新测定。

六、建筑材料放射性测定

（一）建筑材料表面放射性测量

作为对建材中放射性水平的初步了解，用高压电离室和γ照射量率测量仪测量建材表面的辐射量曾用于检测建材放射性的筛选测量。最新的国家标准中未列此种检测方法。

1. 高压电离室法

（1）原理

高压电离室受到辐射能量照射后充电，接着放电，用半导体场效应晶体管静电计作为测量记录仪器。

（2）仪器和设备

高压电离室是一个球形体，内充超高纯氩气，不同型号的仪器体积和内压也不同。标准状态为 25atm（1atm=101 325 Pa）。收集极由直径为 2in（1in=2.54 cm）的不锈钢空心球组成，用 0.25in 棒固定在室中心。用三轴密封接件为静电计输入端提供好的保护环，在保护环和室的外壳之间接 300 V 电池组，这样电离室几乎可以全部收集电离电流。再连接一个记录器。

（3）测量步骤

① 样品堆：选同一品种、同一品牌和产地的建筑材料，使堆放成平坦的面积为 2 m×2 m，厚度大于 0.5 m 的建材成品堆，供测量用。

② 本底测量：首先要进行本底测量，选直径 50 m 范围内平坦空旷的地面上，仪器安放在中心，距地面高 1 m 打开仪器，当仪器处于稳定状态时，进行测量，记录测量时间和读数。

③ 样品堆测量：将仪器放在建材堆上，在距表面恒定距离（如 10 cm 处）进行测量，记录测量时间和数据。

④ 刻度标定：美国 RSS-Ⅲ型高压电离室可以视为是标准仪器，可用国家认定的标准放射源（钴-60 或铯-137）的刻度室内进行刻度标定。

（4）说明

高压电离室由于有灵敏度较高，稳定性较好的优点，广泛用于环境γ辐射外照射的测量。高压电离室用于测量建材表面或室内γ照射量率，与符合建材标准的建材表面相比较，或与室外或正常室内的用相同测量条件的数据相比较，以判断被测对象γ照射量率是否过高（在正常值的 1.5～30 倍，或当测量值低于 200 nGy/h 时，都可认为正常），作为初步筛选或粗略了解建材中放射性水平情况用，可省去使用昂贵仪器和技术要求高的γ能谱仪法。不可作为仲裁和评价建材放射性是否合格用。在以前的标准中曾列为检测方法之一，但是由于使用仪器不同和测量方法不同，会造成 1.6 倍以上的误差，故新标准中未采纳。使用便携式高压电离室具有方便、快捷、稳定可靠、使用成本低等特点。

2．γ剂量率仪法

（1）原理

γ射线是一种电磁辐射，是从原子核内发射出来的，也可看成是一种光子，当它发射到探测器的探头上，与其（可视为原子）相碰撞，光子本身被吸收，而这种作用释放出电子，统称光电子，这种现象称为光电效应；此外还有康普敦效应和电子对形成。γ射线的这种效应在探测器上形成的电子量与其能量强度成正比，经过电子学放大系统，可以被记录下来。与仪器经标准源刻度后进行相对比较，就可得出γ射线的强度。

（2）仪器

测量γ射线的方法很多，如吸收法、各种能谱法、符合测量法等；测量γ射线能量最常用的是吸收法，也是最简单的方法。吸收法是测量环境地表γ剂量率常用的仪器，除上述的高压电离室外，有闪烁探测器型，如塑料闪烁体或 NaI(T1)晶体型和有能量补偿计数管型（如 G-M 管）等。

便携式 Y 剂量率仪的性能要求：

① 量程范围：低量程 1×10^{-8}～1×10^{-5} Gy/h，高量程 1×10^{-5}～1×10^{-2} Gy/h。

② 能量响应：50～3 000 keV，相对响应＜±30%（相对 ^{137}Cs 参考辐射源）。

（3）刻度

新仪器购置后应到国家标准计量部门进行刻度标定，并取得认定证书，以后每年都应对仪器进行一次刻度标定。仪器使用的电池应定期检查工作电压，以免影响读数。

（4）测量步骤

① 测量前应打开仪器预热 30 s 以上。

② 每天使用前用参考源 ^{137}Cs 检查仪器的工作状态。

③ 首先选一平坦、直径 50 m 范围内无建筑物的空地，在距地面（1±0.3）m 高度处测量当地地面γ辐射本底值。

④ 选 2 m×2 m 正方形，厚度大于 0.5 m 的建筑材料成品堆，表面应平坦，将仪器在距离建筑材料表面一定距离处（前国标中建议为 0.1 m）测量其γ剂量率，读 5～10 个读数，取平均值。

（5）说明

便携式γ剂量率仪具有灵敏度高、能量响应好、对宇宙射线响应好、角响应好、性能稳定、携带方便等优点，可以用于测量建筑材料表面或室内γ剂量率，与符合建筑材料标准的建筑材料表面、室外或正常室内的用相同测量条件的数据相比较，以判断被测对象γ照射量率是否过高（在正常值的 1.5～3.0 倍，或当测定值低于 200 nGy/h 时，都可认为正常），作为初步筛选了解建筑材料中放射性水平用。在以前的标准中曾列为检测方法之一，但是由于使用仪器不同和测量条件不同，会造成 1.6 倍以上的误差，故新标准中未采纳。使用便携式γ剂量率仪，具有方便、快捷、稳定、可靠、使用成本低等特点。

（二）建筑材料中天然放射性核素物理测量方法——γ 能谱分析方法

1．原理

天然放射性核素在发射α粒子或β粒子的同时还发射γ射线，利用其发射的γ射线的能量不同，在能谱中，全吸收峰（也称全能峰或光电峰）的道址和入射γ射线的能量成正比，是定性应用的基础；全吸收峰下的净峰面积与探测器相互作用的该能量的γ射线数成正比，是定量应用的基础。γ射线作用于探测器探头上的物质[碘化钠晶体 NaI(T1)、锗锂 Ge(Li)或高纯锗（HPGe）半导体晶体]使晶体接受γ射线后产生的光电效应强弱和能谱的差异经过线性放大和前级放大，可在记录仪表上显示出不同能谱的道址峰，从这些特征峰道址位置和高度、峰面积，就可以判定为何种核素及其放射性强度。

2．仪器和设备

实验室用γ能谱仪由以下几个主件组成。

（1）探测器

① 碘化钠探测器：由碘化钠（铊）[NaI(Tl)]晶体和光电倍增管组成，可用尺寸大于 7.5 cm×7.5 cm 的圆柱形 NaI(Tl)晶体测量建材样品；最好选用低钾 NaI(Tl)晶体和低噪声的光电倍增管。探测器对 ^{137}Cs 的 661.6 keV 光电峰的分辨率应小于 9%。在测量前需先设定所测核素的γ能峰。碘化钠探测器具有探测效率高、成本低、操作方便等优点，适用于对特定核素，如 ^{226}Ra、^{232}Th、^{40}K 的测量。

② 半导体探测器：锗锂[Ge(Li)]或高纯锗（HPGe）半导体晶体其相对探测效率较高（不低于 15%），可达 45%～50%，有较宽的能阈范围（40～3 000 keV），可同时测量所有γ放射性核素。测量建材样品可采用单端同轴锗锂或高纯锗探测器，对 ^{60}Co 1 332.5 keV γ射线的能量分辨率小于 3 keV，相对探测效率不低于 15%。目前都有完善的计算机解谱软件。

（2）屏蔽室

实验室用γ谱仪的探测器应放置在铅当量厚度不小于 10 cm 的屏蔽室中，屏蔽室内壁距晶体表面距离大于 13 cm，内壁衬有由原子序数递减的内屏蔽材料，一般为 0.4 mm 的铜、1.6 mm 的镉、2～3 mm 厚的有机玻璃组成。屏蔽室应有便于取放样品的密封门。

（3）高压电源

用于保证探测器稳定工作的高压电源，纹波电压不大于±0.01%，对半导体探测器高压应在 0～5 kV 连续可调，不能有间断点。

（4）谱学放大器

应与前置放大器和脉冲高度分析器匹配的具有波形调节的放大器。脉冲高度分析器 NaI(Tl)谱仪的道数应不少于 256 道；高分辨率半导体谱仪道数应不少于 4 096 道。

（5）读出装置

有多种选择的读出装置。如记录仪、*x-y* 绘图仪、打印机、图像数字终端等。

（6）分析测量装量

γ能谱仪可与专用机或微机等计算机连接，以处理谱数据。

（7）测量用样品盒

应根据探测器有效探测面积确定样品盒的直径，根据样品量确定样品盒尺寸，多采用与探测器直径匹配的圆柱形样品盒，应选用天然放射性核素含量低的材料，如 ABS 塑料、聚乙烯、有机玻璃等。

3．γ能谱仪的刻度

（1）能量刻度

用含有已知核素的刻度源来刻度γ能谱系统的能量响应。能量刻度范围从 50～3 000 keV。适于能量刻度的单能或多能核素有：^{241}Am（59.5 keV）、^{133}Ba（81.0 keV）、^{109}Cd（88.0 keV）、^{57}Co（122.1 keV）、^{141}Ce（145.4 keV）、^{51}Cr（320.1 keV）、^{137}Cs（661.2 keV）、^{54}Mn（834.8 keV）、^{60}Co（1 173.2 keV，1 332.5 keV）、^{203}Tl（2 614.7 keV）；或利用 ^{241}Am 或 ^{133}Ba 作为低能区，用发射多种γ射线能量的 ^{152}Eu 作为较高和高能区进行刻度。能量刻度至少有 4 个能量均匀分布在所需刻度能区的刻度点。记录刻度源的特征γ射线能量和相应全能峰峰位道址，可在直角坐标纸上作图或对数据做最小二乘法直线或抛物线拟合。

（2）效率刻度

对于建材样品需用铀、钍、镭、钾的体标准源进行效率刻度。体标准源必须满足均匀性好、核素含量准确、稳定、密封等要求。用模拟基质加某种特定核素的标准溶液或标准矿粉均匀混合后制成体标准源，不均匀性小于±2%。其几何形状要与被测样品相同，基质密度和有效原子序数要尽量与被测样品相近。常用的是 Al_2O_3、SiO_2。效率刻度的不确定度应小于±2%。

4．测量步骤

（1）样品制备

将建材样品粉碎过筛（60 目以上，最好 200 目），称重后装入与刻度谱仪的体标准源相同形状和体积的样品盒中，密封、放置 3～4 周，待 U-Ra 达到平衡后测量。

（2）测量模拟基质本底谱和空样品盒本底谱

在求体标准源全能峰面积时，应将体标准源全能峰计数减去相应模拟基质本底计数。

（3）测量刻度源

相对于探测器的位置应与测量建材样品时相同。

（4）测量时间

测量时间根据被测标准源或样品的强弱而定。标准源测量计数统计误差应小于±2%，建材样品放射性核素的计数统计误差小于±10%，置信度为 95%。正常情况下对建材样品的测量时间在 6～8 h。

5．计算

（1）相对比较法

相对比较法是目前测量建材放射性核素的常用方法。它用总峰面积法、函数拟合法、逐道最小二乘拟合法等，计算出标准源和样品测得的谱中各特征光峰的全能峰面积，按公式计算各个标准源的刻度系数 K_p 和被测样品第 j 种核素比活度 C_j（Bq/kg）：

$$K_p = \frac{\text{第 } j \text{ 种核素体标准源的活度}}{\text{第 } j \text{ 种核素体标准源的第 } i \text{ 个特征峰的全能峰面积}}$$

$$C_j = \frac{K_{ji}(A_{ji} - A_{jih})}{mD_j}$$

式中，A_{ji}——被测样品第 j 种核素的第 i 个特征峰的全能峰面积，计数/s；

A_{jih}——与 A_{ji} 相对应的光峰本底计数，计数/s；

m——被测样品的净干质量，kg；

D_j——第 j 种核素校正到采样时的衰变校正系数；

C_j——样品第 j 种核素的比活度，Bq/kg。

（2）逆矩阵法

逆矩阵法主要用于样品中核素成分已知而能谱又部分重叠的情况，当用碘化钠[NaI(Tl)] γ能谱仪分析建材样品时可用此法。

用逆矩阵法必须首先确定响应矩阵。确定响应矩阵的所有标准源核素必须包括样品中的全部待测核素。正确选择特征道区是逆矩阵法解析γ能谱的基础。

不同核素特征道址的选择原则为：

① 对于发射多种能量γ核素，特征道区应该选择分支比最大的γ射线全能峰区。

② 如果发射几种能量的γ射线发射概率相近，则应选其他核素γ射线的康普顿贡献少的能量高的γ射线峰区。

③ 如果两种核素发射概率大的γ射线峰重叠，则其中一种只能选其次要的γ射线作为特征峰。

④ 特征道区宽度的选取是使多道分析器的漂移效应以及相邻峰的重叠保持最小。

用逆矩阵求解建材中放射性核素的比活度，各核素选用的特征道区为：^{226}Ra 选 352.0 keV 或 609.4 keV，^{232}Th 选 238.6 keV 或 583.1 keV，^{40}K 选 1 460.8 keV。在求得多种核素混合样品的γ谱中某一特征道区的净计数率后，样品中的 j 种核素的比活度 C_j（Bq/kg）可计算如下：

$$C_j = \frac{1}{mD_j} \times X_j = \frac{1}{mD_j}\sum_{i}^{m} a_{ij}^{-1}\text{cpm}_j \qquad j=1，2，3，\cdots，m$$

式中，C_j——样品第 j 种核素的比活度，Bq/kg；

a_{ij}——第 j 种核素对第 i 个特征道区的响应系数；

cpm_j——混合样品γ谱在第 j 个特征道区上的计数率；

X_j——样品中第 j 种核素的活度，Bq；

m——被测样品的净干重，kg；

D_j——第 j 种核素校正到采样时的衰变校正系数。

6．说明

用γ谱能仪测量建材中的镭、钍、钾时关键是选好 3 个核素的特征峰和有效的刻度，^{226}Ra 可以选 352 keV 或 609 keV 峰。如使用碘化钠晶体谱仪，可考虑选用 ^{226}Ra 的子体

^{214}Pb(RaB)的 2 200 keV 峰，钍系中的 ^{212}Pb(ThB)的 239 keV 峰可作为 ^{232}Th 的特征峰，^{40}K 则选 1 460 keV 峰。

（三）建筑材料中天然放射性核素化学分析方法

天然放射性核素的测量方法有放射化学方法和物理学测量方法两种。放射化学方法由于需要将建材样品处理成溶液状态，再进行化学分离纯化，操作繁杂，难度大；但在许多实验室都具备化学分析方法的条件，而且数据比较准确、样品预处理与土壤岩石基本相同，不需要昂贵的谱仪设备，故以前曾采用此法。

1．镭-226（^{226}Ra）放射化学分析方法

建材样品粉末经碱熔融处理后，用盐酸溶解水浸取不溶物，以钡为载体，也可以钡-133 为示踪剂，硫酸盐沉淀浓集镭，沉淀用乙二胺四乙酸二钠（EDTA-2Na）碱性溶液溶解后封存于扩散器中，以射气法测量子体 ^{222}Ra，计算 ^{226}Ra 放射性浓度。

2．钍-232（^{232}Th）放射化学分析方法

样品经碱熔融和硝酸、高氯酸浸取后，溶液经磷酸盐沉淀浓集铀和钍，在盐析剂硝酸铝存在下，用 ^{235}N 萃取剂从硝酸溶液中同时萃取钍和铀，首先用 8 mol/L 盐酸溶液反萃取钍，以铀试剂Ⅲ显色，进行分光光度测定。再用测得的钍含量换算成 ^{232}Th 的比活度。

3. 钾-40（^{40}K）化学分析方法

土壤和建材中钾常以钾长石、黑云母或白榴石等硅铝酸盐形式存在，用一般酸难以浸取完全，因此多用碳酸钙-氯化铵熔融法或氢氟酸-高氯酸浸取法将钾转为可溶性化合物。钾在微酸介质，钾离子与四苯硼钠生成晶粒大、溶解度小，具有一定组成的四苯硼钾沉淀，在 105～120℃烘干而不分解，可用重量法求出钾含量。再用测得的钾含量换算为 ^{40}K 的放射性比活度。其反应式如下：

$$K^{+}+Na(C_6H_5)_4B \longrightarrow K(C_6H_5)_4B+Na^{+}$$

第三节　厨房油烟测定

厨房油烟是我国居室内重要的环境污染物之一，与居民健康密切相关，已日益成为社会广泛关注的热点问题。

厨房油烟雾的采样与分析方法，国内外虽有一些报道，仍尚未完善，目前尚没有规范的采样和测试方法。早期一般是用冷凝法采集油烟，其设备复杂，操作烦琐，而且需要大量干冰进行冷凝。近年来有人用分步采样的方法，用滤膜采集油烟气中气溶胶相化合物，采集在滤膜上的化合物经提取、浓缩，由 GC/MS 定性定量；气相挥发性组分则用吸附剂吸附后，再经热解析或溶剂解析用 GC/MS 分析。国外采用较先进的热解吸/程序升温/GC/MS 方法，来分离挥发性有机化合物的化学成分；国内有人采用不同原理的油烟采样方法，诸如玻璃纤维滤筒、吸收液吸收和固体材料吸附等收集油烟样品，经萃取后用分光光度法分析。

一、空气中油烟雾的采样和分析方法

（一）原理

用可吸入颗粒物采样器采样夹中的超细玻璃纤维滤纸收集颗粒物，在采样器采样头的后面连接一个附属装置，内装聚氨基甲酸酯泡沫塑料采集气相挥发性有机化合物。采集的颗粒物和气相物质经预处理后进行 GC/MS 仪器分析，测定各种有机组分。苯并[*a*]芘用高压液相色谱测定。气相中有机烃用红外线气体分析仪直接测定，气相中甲醛用扩散法被动式个体采样器采集，用 AHMT 比色法测定。

（二）仪器与设备

1. 总烃红外线气体分析仪：9000 型，流量 2.0 L/min，测定范围（0～2 000）$\times10^{-6}$ mol/mL。
2. 甲醛被动式个体采样器：见第三章室内空气污染物采样方法——被动式采样法。
3. 可吸入颗粒物采样器：见本章可吸入颗粒物采样方法——重量法。
4. 旋转蒸发器。
5. 气相色谱/质谱仪　Finnigan MAT4510GC/MS/DS。

（三）试剂和材料

1. 超细玻璃纤维滤膜：49 型。
2. 聚氨基甲酸酯泡沫塑料。
3. 石油醚：分析纯。
4. 硅胶：分析纯。
5. 环己烷：分析纯。
6. 苯：分析纯。
7. 三氮甲烷：分析纯。
8. 甲醇：分析纯。

（四）采样和样品分析

1. 气相中总有机烃

总烃红外线气体分析仪经校准和调零后，将探头置于离油面 30～35 cm 的上方，以 2.0 L/min 的流量连续测定烹调油烟中的总有机烃浓度。具体操作步骤见仪器说明书。

2. 气相中甲醛

将扩散法被动式个体采样器挂在烹调锅上方，记录采样开始和结束时间，收集的样品，用 AHMT 比色法测定。具体操作步骤见第四章中甲醛的测定。

3. 颗粒物和气相中有机物

① 采样

由于油烟雾的存在状态是颗粒物和挥发性有机化合物两相共存。采用玻璃纤维滤膜采集颗粒物，选用聚氨基甲酸酯泡沫塑料（PUFP）吸附气态物质。可吸入颗粒物采样器采样夹中的超细玻璃纤维滤纸用于收集颗粒物。滤纸使用前，于 500℃烘 2 h，置于湿度小于

50%的天平室中，平衡 24 h 后称至恒重备用。在颗粒物采样器采样头的后面连接一个附属装置，内装四块聚氨基甲酸酯泡沫塑料，每块长 4 cm，直径 3 cm。PUFP 用于采集气相挥发性有机化合物。采样前依次用环己烷、水浸泡提洗两次，再用甲醇回流 10 h，去除有机物。将装有滤料的采样头、距油面 30～35 cm 处采集油烟雾，流量为 13～14 L/min，采样 2～4 h，采样后，取下玻璃纤维滤纸，置于天平室内平衡，24 h 后准确称重。滤纸上采集的颗粒物的量，可用滤纸在采样前和采样后两次称重之差计算出来，再除以采样体积，即为颗粒物浓度。

② 样品处理

a. 滤膜上的样品处理：事先在样品中加入少量硅胶，使样品吸附在硅胶上，便于往层析柱上加样。取 13 g 硅胶，加少量石油醚、搅拌赶掉气泡，移入层析柱内，多余的石油醚放掉，然后将吸附在硅胶上的样品加在柱顶上。先用 50 mL 环己烷洗脱，流速控制在 1 滴/s，洗脱液含非极性物。然后用 80 mL 环己烷-苯（4+1）淋洗，收集此馏分（含有多环芳烃）。再用 50 mL 三氯甲烷-甲醇（3+1）淋洗，洗脱液含极性化合物。将各部分洗脱液用旋转蒸发器减压浓缩到 0.5 mL，供色谱分析用。

b. PUFP 中的样品处理：采有样品的 PUFP 于注射器中，用甲醇提取 3 次，前两次各 50 mL，第三次 20 mL，合并提取液，浓缩定容后，供色谱分析用。

③ 样品分析：将上述分离后的各组分样品，定容至 0.5 mL 取 1 μL 进样。采用 Finnigan MAT4510 GC/MS/DS 色谱/质谱分析仪，色谱柱为 SE-54 弹性毛细柱，内径 0.25 mm，长 30 m。柱温 50～270℃，以 5℃/min 速率程序升温至 270℃后恒温。质谱操作条件为发射电流 0.25 mA，倍增器高压 1 150 V，电离方式 EI，轰击电子能量 70 V，载气为 He，软件系统为 INCOS 软件。定性分析主要采用计算机谱检索，再作图谱解析，对检索结果，参考有关文献鉴别化合物。定量分析用标准曲线法，峰高/峰面积定量。

（五）计算

气样中各待测组分的质量浓度可用下式进行计算：

$$\rho = \frac{\rho_0 \times V_1}{V_0}$$

式中，ρ——换算成标准状态下有机物各组分的质量浓度，μg/m^3；

ρ_0——所测定浓缩液中各组分的质量浓度，μg/mL；

V_1——样品浓缩定容后的体积，mL；

V_0——换算成标准状态下采样的体积，m^3。

二、油烟冷凝物中多环芳烃的测定

（一）原理

将一定量的油烟冷凝物用环己烷溶解，以 *N*,*N*-二甲基甲酰胺分次萃取，加入 2%的 Na_2SO_4 水溶液，分层，再以环己烷反萃取水溶液中的多环芳烃，环己烷萃取液经浓缩定容后，HPLC 分析。

（二）仪器与设备

1．分液漏斗：500 mL、1 000 mL。
2．高压液相色谱仪：DX-500 离子色谱仪/荧光检测器。

（三）试剂与材料

1．环己烷：分析纯。
2．*N*,*N*-二甲基甲酰胺：分析纯。
3．Na_2SO_4 溶液：2%。

（四）采样与样品分析

1．样品提取

从油烟机的油盒内称取一定量的油烟冷凝物于小烧杯中，用环己烷溶解后，以 *N*,*N*-二甲基甲酰胺分三次萃取，合并二甲基甲酰胺溶液，加入一定量 2%的 Na_2SO_4 水溶液，充分混匀，静置，再以环己烷分 3 次反萃取水溶液中的多环芳烃，合并环己烷，浓缩定容后供 HPLC 分析。

2．样品分析

根据高压液相色谱仪的型号和性能，制定出分析多环芳烃各组分的最佳色谱条件，以下条件可供选用。

柱温为室温，梯度淋洗：B 组分为 75%和 25%的水，C 组分为 100%的甲醇。开始时 B 组分 100%，至 30 min 时改变为 C 组分 100%，保持 30 min，流量 0.5 mL/min。荧光激发波长 404 nm，发射波长 295 nm。多环芳烃各组分用保留时间定性。标准曲线法峰高/峰面积定量。

（五）计算

多环芳烃的质量浓度可用下式进行计算：

$$w=\frac{\rho_1\times V_1}{G}$$

式中，w——油盒冷凝物样品中多环芳烃组分的质量浓度，μg/g；
　　ρ_1——用标准曲线法实测浓缩液中多环芳烃的质量浓度，μg/mL；
　　V_1——样品浓缩定容后的体积，mL；
　　G——所称取的油盒冷凝物样品的质量，g。

附　录

附录一　室内空气质量标准（GB/T 18883—2002）（摘录）

前　言

为保护人体健康，预防和控制室内空气污染，制定本标准。

本标准的附录 A、附录 B、附录 C、附录 D 为规范性附录。

本标准为首次发布。

本标准由卫生部、国家环境保护总局《室内空气质量标准》联合起草小组起草。

本标准主要起草单位：中国疾病预防控制中心环境与健康相关产品安全所，中国环境科学研究院环境标准研究所，中国疾病预防控制中心辐射防护安全所，北京大学环境学院，南开大学环境科学与工程学院，北京市劳动保护研究所，清华大学建筑学院，中国科学院生态环境研究中心，中国建筑材料科学研究院环境工程所。

本标准于 2002 年 11 月 19 日由国家质量监督检验检疫总局、卫生部、国家环境保护总局批准。

本标准由国家质量监督检验检疫总局提出。

本标准由国家环境保护总局和卫生部负责解释。

1　范 围

本标准规定了室内空气质量参数及检验方法。

本标准适用于住宅和办公建筑物，其他室内环境可参照本标准执行。

2　规范性引用文件

下列文件中的条款通过本标准的引用而成为本标准的条款。凡是注日期的引用文件，其随后所有的修改（不包括勘误内容）或修订版均不适用于本标准，然而，鼓励根据本标准达成协议的各方研究是否可使用这些文件的最新版本。凡是不注日期的引用文件，其最新版本适用于本标准。

GB/T 9801　空气质量　一氧化碳的测定　非分散红外法

GB/T 11737　居住区大气中苯、甲苯和二甲苯卫生检验标准方法　气相色谱法

GB/T 12372 居住区大气中二氧化氮检验标准方法 改进的 Saltzman 法
GB/T 14582 环境空气中氡的标准测量方法
GB/T 14668 空气质量 氨的测定 纳氏试剂比色法
GB/T 14669 空气质量 氨的测定 离子选择电极法
GB 14677 空气质量 甲苯、二甲苯、苯乙烯的测定 气相色谱法
GB/T 14679 空气质量 氨的测定 次氯酸钠-水杨酸分光光度法
GB/T 15262 环境空气 二氧化硫的测定 甲醛吸收-副玫瑰苯胺分光光度法
GB/T 15435 环境空气 二氧化氮的测定 Saltzman 法
GB/T 15437 环境空气 臭氧的测定 靛蓝二磺酸钠分光光度法
GB/T 15438 环境空气 臭氧的测定 紫外光度法
GB/T 15439 环境空气 苯并[*a*]芘测定 高效液相色谱法
GB/T 15516 空气质量 甲醛的测定 乙酰丙酮分光光度法
GB/T 16128 居住区大气中二氧化硫卫生检验标准方法 甲醛溶液吸收-盐酸副玫瑰苯胺分光光度法
GB/T 16129 居住区大气中甲醛卫生检验标准方法 分光光度法
GB/T 16147 空气中氡浓度的闪烁瓶测量方法
GB/T 17095 室内空气中可吸入颗粒物卫生标准
GB/T 18204.13 公共场所室内温度测定方法
GB/T 18204.14 公共场所室内相对湿度测定方法
GB/T 18204.15 公共场所室内空气流速测定方法
GB/T 18204.18 公共场所室内新风量测定方法 示踪气体法
GB/T 18204.23 公共场所空气中一氧化碳检验方法
GB/T 18204.24 公共场所空气中二氧化碳检验方法
GB/T 18204.25 公共场所空气中氨检验方法
GB/T 18204.26 公共场所空气中甲醛测定方法
GB/T 18204.27 公共场所空气中臭氧检验方法

3 术语和定义

3.1 室内空气质量参数（indoor air quality parameter）

指室内空气中与人体健康有关的物理、化学、生物和放射性参数。

3.2 可吸入颗粒物（particles with diameters of 10 μm or less，PM_{10}）

指悬浮在空气中，空气动力学当量直径小于等于 10 μm 的颗粒物。

3.3 总挥发性有机化合物（Total Volatile Organic Compounds，TVOC）

利用 Tenax GC 或 Tenax TA 采样，非极性色谱柱（极性指数小于 10）进行分析，保留时间在正己烷和正十六烷之间的挥发性有机化合物。

3.4 标准状态（normal state）

指温度为 273K，压力为 101.325 kPa 时的干物质状态。

4 室内空气质量

4.1 室内空气应无毒、无害、无异常臭味。

4.2 室内空气质量标准见表 1。

表 1 室内空气质量标准

序号	参数类别	参数	单位	标准值	备注
1	物理性	温度	℃	22～28	夏季空调
				16～24	冬季采暖
2		相对湿度	%	40～80	夏季空调
				30～60	冬季采暖
3		空气流速	m/s	0.3	夏季空调
				0.2	冬季采暖
4		新风量	m^3/（h·人）	30[a]	
5	化学性	二氧化硫（SO_2）	mg/m^3	0.50	1 小时均值
6		二氧化氮（NO_2）	mg/m^3	0.24	1 小时均值
7		一氧化碳（CO）	mg/m^3	10	1 小时均值
8		二氧化碳（CO_2）	%	0.10	日平均值
9		氨（NH_3）	mg/m^3	0.20	1 小时均值
10		臭氧（O_3）	mg/m^3	0.16	1 小时均值
11		甲醛（HCHO）	mg/m^3	0.10	1 小时均值
12		苯（C_6H_6）	mg/m^3	0.11	1 小时均值
13		甲苯（C_7H_8）	mg/m^3	0.20	1 小时均值
14		二甲苯（C_8H_{10}）	mg/m^3	0.20	1 小时均值
15		苯并[*a*]芘（B[a]P）	mg/m^3	1.0	日平均值
16		可吸入颗粒物（PM_{10}）	mg/m^3	0.15	日平均值
17		总挥发性有机物（TVOC）	mg/m^3	0.60	8 小时均值
18	生物性	菌落总数	cfu/m^3	2 500	依据仪器定[b]
19	放射性	氡（^{222}Rn）	Bq/m^3	400	年平均值（行动水平[c]）

a 新风量要求≥标准值，除温度、相对湿度外的其他参数要求≤标准值；

b 见附录 D；

c 达到此水平建议采取干预行动以降低室内氡浓度。

5 室内空气质量检验

5.1 室内空气中各种参数的监测技术见附录 A。
5.2 室内空气中苯的检验方法见附录 B。
5.3 室内空气中总挥发性有机物（TVOC）的检验方法见附录 C。
5.4 室内空气中菌落总数检验方法见附录 D。

附录 A 室内空气监测技术导则（略）
附录 B 室内空气中苯的检验方法（毛细管气相色谱法）（略）
附录 C 室内空气中总挥发性有机物（TVOC）的检验方法（热解吸/毛细管气相色谱法）（略）
附录 D 室内空气中菌落总数检验方法（略）

附录二 民用建筑工程室内环境污染控制规范（GB 50325—2010）（2013 年版）（摘录）

前 言

本规范是根据住房和城乡建设部《关于印发〈2008 年工程建设标准制订、修订计划（第一批）〉的通知》（建标〔2008〕102 号）的要求，河南省建筑科学研究院有限公司和泰宏建设发展有限公司会同有关单位，在原《民用建筑工程室内环境污染控制规范》（GB 50325 —2001）（2006 年版）基础上修订完成的。

本规范在修订过程中，编制组在调研国内外大量标准规范和研究成果的基础上，结合我国情况，进行了有针对性的专题研究，经广泛征求意见和多次讨论修改，最后经审查定稿。

本规范编制及修订过程中，考虑了我国建筑业目前发展的水平，建筑材料和装修材料工业发展现状，结合我国新世纪产业结构调整方向，并参照了国内外有关标准规范。

本规范共分 6 章和 7 个附录。主要技术内容包括：总则、术语和符号、材料、工程勘察设计、工程施工、验收等。

在执行本规范过程中，希望各地、各单位在工作实践中注意积累资料，总结经验。如发现需要修改和补充之处，请将意见和有关资料寄交郑州市丰乐路 4 号河南省建筑科学研究院有限公司《民用建筑工程室内环境污染控制规范》国家标准管理组（邮政编码：450053，电话：0371-63934128，传真：0371-63929453，E-mail：mtrwang@vip.sina.com），以供今后修订时参考。

本规范主编单位、参编单位、主要起草人和主要审查人：

主编单位：河南省建筑科学研究院有限公司
泰宏建设发展有限公司

参编单位：南开大学环境科学与工程学院
国家建筑工程质量监督检验中心
上海浦东新区建设工程技术监督有限公司
清华大学工程物理系
深圳市建筑科学研究院有限公司
浙江省建筑科学设计研究院有限公司
昆山市建设工程质量检测中心
山东省建筑科学研究院

主要起草人：王喜元 刘宏奎 潘 红 白志鹏 熊 伟 朱 军
黄晓天 朱 立 陈泽广 张继文 金 元 巴松涛
邓淑娟 陈松华 王自福 李水才

主要审查人：王有为 崔九思 高丹盈 马振珠 王国华 顾孝同
冯广平 胡 玢 周泽义 汪世龙 刘 斐

1 总 则

1.0.1 为了预防和控制民用建筑工程中建筑材料和装修材料产生的室内环境污染，保障公众健康，维护公共利益，做到技术先进，经济合理，制定本规范。

1.0.2 本规范适用于新建、扩建和改建的民用建筑工程室内环境污染控制，不适用于工业生产建筑工程、仓储性建筑工程、构筑物和有特殊净化卫生要求的室内环境污染控制，也不适用于民用建筑工程交付使用后，非建筑装修产生的室内环境污染控制。

1.0.3 本规范控制的室内环境污染物有氡（简称 Rn-222）、甲醛、氨、苯及总挥发性有机物化合物（简称 TVOC）。

1.0.4 民用建筑工程根据控制室内环境污染的不同要求，划分为以下两类：

1 Ⅰ类民用建筑工程：住宅、医院、老年建筑、幼儿园、学校教室等民用建筑工程；

2 Ⅱ类民用建筑工程：办公楼、商店、旅馆、文化娱乐场所、书店、图书馆、展览馆、体育馆、公共交通等候室、餐厅、理发店等民用建筑工程。

1.0.5 **民用建筑工程所选用的建筑材料和装修材料必须符合本规范的有关规定。**

1.0.6 民用建筑工程室内环境污染控制除应符合本规范的规定外，尚应符合国家现行的有关标准的规定。

2 术语和符号

2.1 术语

2.1.1 民用建筑工程 civil building engineering

民用建筑工程指新建、扩建和改建的民用建筑结构工程和装修工程的统称。

2.1.2 环境测试舱 environmental test chamber

模拟室内环境测试建筑材料和装修材料的污染物释放量的设备。

2.1.3 表面氡析出率 radon exhalation rate from the surface

单位面积、单位时间土壤或材料表面析出的氡的放射性活度。

2.1.4 内照射指数（I_{Ra}） internal exposure index

建筑材料中天然放射性核素镭-226 的放射性比活度，除以比活度限量值 200 而得的商。

2.1.5 外照射指数（I_{γ}） external exposure index

建筑材料中天然放射性核素镭-226、钍-232 和钾-40 的放射性比活度，分别除以比活度限量值 370、260、4 200 而得的商之和。

2.1.6 氡浓度 radon concentration

单位体积空气中氡的放射性活度。

2.1.7 人造木板 wood-based panels

以植物纤维为原料，经机械加工分离成各种形状的单元材料，再经组合并加入胶粘剂压制而成的板材，包括胶合板、纤维板、刨花板等。

2.1.8 饰面人造木板 decorated wood-based panels

以人造木板为基材，经涂饰或复合装饰材料面层后的板材。

2.1.9 水性涂料 water-based coatings

以水为稀释剂的涂料。

2.1.10 水性胶粘剂 water-based adhesives

以水为稀释剂的胶粘剂。

2.1.11 水性处理剂 water-based treatment agents

以水作为稀释剂，能浸入建筑材料和装修材料内部，提高其阻燃、防水、防腐等性能的液体。

2.1.12 溶剂型涂料 solvent-thinned coatings

以有机溶剂作为稀释剂的涂料。

2.1.13 溶剂型胶粘剂 solvent-thinned adhesives

以有机溶剂作为稀释剂的胶粘剂。

2.1.14 游离甲醛释放量 content of released formaldehyde

在环境测试舱法或干燥器法的测试条件下，材料释放游离甲醛的量。

2.1.15 游离甲醛含量 content of free formaldehyde

在穿孔法的测试条件下，材料单位质量中含有游离甲醛的量。

2.1.16 总挥发性有机化合物 total volatile organic compounds

在本规范规定的检测条件下，所测得空气中挥发性有机化合物的总量。简称 TVOC。

2.1.17 挥发性有机化合物 volatile organic compound

在本规范规定的检测条件下，所测得材料中挥发性有机化合物的总量。简称 VOC。

2.2 符号

I_{Ra}—— 内照射指数；

I_{γ}—— 外照射指数；

C_{Ra}—— 建筑材料中天然放射性核素镭-226 的放射性比活度；

C_{Th}—— 建筑材料中天然放射性核素钍-232 的放射性比活度；

C_{K}—— 建筑材料中天然放射性核素钾-40 的放射性比活度，贝可/千克（Bq/kg）；

f_i—— 第 i 种材料在材料总用量中所占的质量百分比（%）；

I_{Rai}—— 第 i 种材料的内照射指数；

$I_{\gamma i}$—— 第 i 种材料的外照射指数。

3 材料

3.1 无机非金属建筑主体材料和装修材料

3.1.1 民用建筑工程所使用的砂、石、砖、砌块、水泥、混凝土、混凝土预制构件等无机非金属建筑主体材料的放射性限量，应符合表 3.1.1 的规定。

表 3.1.1 无机非金属建筑主体材料放射性指标限量

测定项目	限量
内照射指数（I_{Ra}）	≤1.0
外照射指数（I_{γ}）	≤1.0

3.1.2 民用建筑工程所使用的无机非金属装修材料，包括石材、建筑卫生陶瓷、石膏板、吊顶材料、无机瓷质砖黏结材料等，进行分类时，其放射性限量应符合表 3.1.2 的规定。

表 3.1.2 无机非金属装修材料放射性指标限量

测定项目	限量	
	A	B
内照射指数（I_{Ra}）	≤1.0	≤1.3
外照射指数（I_{γ}）	≤1.3	≤1.9

3.1.3 民用建筑工程所使用的加气混凝土和空心率（孔洞率）大于 25%的空心砖、空心砌块等建筑主体材料，其放射性限量应符合表 3.1.3 的规定。

表 3.1.3 加气混凝土和空心率（孔洞率）大于 25%的建筑主体材料放射性限量

测定项目	限量
表面氡析出率/[Bq/（m^2·s）]	≤0.015
内照射指数（I_{Ra}）	≤1.0
外照射指数（I_{γ}）	≤1.3

3.1.4 建筑主体材料和装修材料放射性核素的检测方法应符合现行国家标准《建筑材料放射性核素限量》（GB 6566）的有关规定，表面氡析出率的检测方法应符合本规范附录 A 的规定。

3.2 人造木板及饰面人造木板

3.2.1 民用建筑工程室内用人造木板及饰面人造木板，必须测定游离甲醛含量或游离甲醛释放量。

3.2.2 当采用环境测试舱法测定游离甲醛释放量，并依此对人造木板进行分级时，其限量应符合现行国家标准《室内装饰装修材料 人造板及其制品中甲醛释放限量》（GB 18580）的规定，见表 3.2.2。

表 3.2.2 环境测试舱法测定游离甲醛释放量限量

类别	限量/（mg/m^3）
E_1	≤0.12

3.2.3 当采用穿孔法测定游离甲醛含量，并依此对人造木板进行分级时，其限量应符合现行国家标准《室内装饰装修材料 人造板及其制品中的甲醛释放限量》（GB 18580）的规定。

3.2.4 当采用干燥器法测定游离甲醛释放量，并依此对人造木板进行分级时，其限量应符合现行国家标准《室内装饰装修材料 人造板及其制品中甲醛释放限量》（GB 18580）的规定。

3.2.5 饰面人造木板可采用环境测试舱法或干燥器法测定游离甲醛释放量，当发生争议时应以环境测试舱法的测定结果为准；胶合板、细木工板宜采用干燥器法测定游离甲醛释放量；刨花板、纤维板等宜采用穿孔法测定游离甲醛含量。

3.2.6 环境测试舱法测定游离甲醛释放量，宜按本规范附录 B 进行。

3.2.7 采用穿孔法及干燥器法进行检测时，应符合现行国家标准《室内装饰装修材料 人造板及其制品中甲醛释放限量》（GB 18580）的规定。

3.3 涂料

3.3.1 民用建筑工程室内用水性涂料和水性腻子，应测定游离甲醛的含量，其限量应符合表 3.3.1 的规定。

表 3.3.1 室内用水性涂料和水性腻子中游离甲醛限量

测定项目	限量	
	水性涂料	水性腻子
游离甲醛/（mg/kg）	≤100	

3.3.2 民用建筑工程室内用溶剂型涂料和木器用溶剂型腻子，应按其规定的最大稀释比例混合后，测定 VOC 和苯、甲苯+二甲苯+乙苯的含量，其限量应符合表 3.3.2 的规定。

表 3.3.2 室内用溶剂型涂料和木器用溶剂型腻子中 VOC、苯、甲苯+二甲苯+乙苯限量

涂料名称	VOCs/（g/L）	苯/%	甲苯+二甲苯+乙苯/%
醇酸类涂料	≤550	≤0.3	≤5
硝基类涂料	≤720	≤0.3	≤30
聚氨酯类涂料	≤670	≤0.3	≤30
酚醛防锈漆	≤270	≤0.3	—
其他溶剂型涂料	≤600	≤0.3	≤30
木器用溶剂型腻子	≤550	≤0.3	≤30

3.3.3 聚氨酯漆测定固化剂中游离二异氰酸酯（TDI、HDI）的含量后，应按其规定的最小稀释比例计算出聚氨酯漆中游离二异氰酸酯（TDI、HDI）含量，且不应大于 4 g/kg。测定方法宜符合现行国家标准《色漆和清漆用漆基 异氰酸酯树脂中二异氰酸酯（TDI）单体的测定》（GB/T 18446）的有关规定。

3.3.4 水性涂料和水性腻子中游离甲醛含量的测定方法，宜符合现行国家标准《室内装饰装修材料 内墙涂料中有害物质限量》（GB 18582）的有关规定。

3.3.5 溶剂型涂料中挥发性有机化合物（VOC）、苯、甲苯+二甲苯+乙苯含量测定方法，宜符合本规范附录 C 的规定。

3.4 胶粘剂

3.4.1 民用建筑工程室内用水性胶粘剂，应测定挥发性有机化合物（VOC）和游离甲醛的含量，其限量应符合表 3.4.1 的规定。

表 3.4.1 室内用水性胶粘剂中 VOC 和游离甲醛限量

测定项目	限量			
	聚乙酸乙烯酯胶粘剂	橡胶类胶粘剂	聚氨酯类胶粘剂	其他胶粘剂
挥发性有机化合物（VOC）/（g/L）	≤110	≤250	≤100	≤350
游离甲醛/（g/kg）	≤1.0	≤1.0	—	≤1.0

3.4.2 民用建筑工程室内用溶剂型胶粘剂，应测定挥发性有机化合物（VOC）、苯、甲苯+二甲苯的含量，其限量应符合表3.4.2的规定。

表3.4.2 室内用溶剂型胶粘剂中VOC、苯、甲苯+二甲苯限量

测定项目	限量			
	氯丁橡胶胶粘剂	SBS胶粘剂	聚氨酯类胶粘剂	其他胶粘剂
苯/（g/kg）	≤5.0			
甲苯+二甲苯/（g/kg）	≤200	≤150	≤150	≤150
挥发性有机物/（g/L）	≤700	≤650	≤700	≤700

3.4.3 聚氨酯胶粘剂应测定游离甲苯二异氰酸酯（TDI）的含量，按产品推荐的最小稀释量计算出聚氨酯漆中游离甲苯二异氰酸酯（TDI）含量，且不应大于4 g/kg，测定方法宜符合现行国家标准《室内装饰装修材料　胶粘剂中有害物质限量》（GB 18583）的规定。

3.4.4 水性胶粘剂中游离甲醛、挥发性有机化合物（VOC）含量的测定方法，宜符合现行国家标准《室内装饰装修材料 胶粘剂中有害物质限量》（GB 18583）的规定。

3.4.5 溶剂型胶粘剂中挥发性有机化合物（VOC）、苯、甲苯+二甲苯含量测定方法，宜符合本规范附录C的规定。

3.5 水性处理剂

3.5.1 民用建筑工程室内用水性阻燃剂（包括防火涂料）、防水剂、防腐剂等水性处理剂，应测定游离甲醛的含量，其限量应符合表3.5.1的规定。

表3.5.1 室内用水性处理剂中游离甲醛限量

测定项目	限量
游离甲醛/（mg/kg）	≤100

3.5.2 水性处理剂中游离甲醛含量的测定方法，宜按现行国家标准《室内装饰装修材料　内墙涂料中有害物质限量》（GB 18582）的方法进行。

3.6 其他材料

3.6.1 民用建筑工程中所使用的能释放氨的阻燃剂、混凝土外加剂，氨的释放量不应大于0.10%，测定方法应符合现行国家标准《混凝土外加剂中释放氨的限量》（GB 18582）的有关规定。

3.6.2 能释放甲醛的混凝土外加剂，其游离甲醛的含量不应大于500 mg/kg，测定方法应符合现行国家标准《室内装饰装修材料　内墙涂料中有害物质限量》（GB 18582）的有关规定。

3.6.3 民用建筑工程中使用的黏合木结构材料，游离甲醛释放量不应大于0.12 mg/m^3，其测定方法应符合本规范附录B的有关规定。

3.6.4 民用建筑工程室内装修时，所使用的壁布、帷幕等游离甲醛释放量不应大于0.12 mg/m^3，其测定方法应符合本规范附录B的有关规定。

3.6.5 民用建筑工程室内用壁纸中甲醛含量不应大于 120 mg/kg，测定方法应符合现行国

家标准《室内装饰装修材料 壁纸中有害物质限量》（GB 18585）的有关规定。

3.6.6 民用建筑工程室内用聚氯乙烯卷材地板中挥发物含量测定方法应符合现行国家标准《室内装饰装修材料 聚氯乙烯卷材地板中有害物质限量》（GB 18586）的规定，其限量应符合表 3.6.6 的有关规定。

表 3.6.6 聚氯乙烯卷材地板中挥发物限量

名称		限量/（g/m^2）
发泡类卷材地板	玻璃纤维基材	≤75
	其他基材	≤35
非发泡类卷材地板	玻璃纤维基材	≤40
	其他基材	≤10

3.6.7 民用建筑工程室内用地毯、地毯衬垫中总挥发性有机化合物和游离甲醛得释放量测定方法应符合本规范附录 B 的规定，其限量应符合表 3.6.7 的有关规定。

表 3.6.7 地毯、地毯衬垫中有害物质释放限量

名称	有害物质项目	限量/（$mg/m^2 \cdot h$）	
		A 级	B 级
地毯	总挥发性有机化合物	≤0.500	≤0.600
	游离甲醛	≤0.050	≤0.050
地毯衬垫	总挥发性有机化合物	≤1.000	≤1.200
	游离甲醛	≤0.050	≤0.050

4 工程勘察设计

4.1 一般规定

4.1.1 新建、扩建的民用建筑工程设计前，应进行建筑工程所在城市区域土壤中氡浓度或土壤表面氡析出率调查，并提交相应的调查报告。未进行过区域土壤中氡浓度或土壤表面氡析出率测定的，应进行建筑场地土壤中氡浓度或土壤氡析出率测定，并提供相应的检测报告。

4.1.2 民用建筑工程设计应根据建筑物的类型和用途控制装修材料的使用量。

4.1.3 民用建筑工程的室内通风设计，应符合现行国家标准《民用建筑设计通则》（GB 50352）的有关规定，对于采用中央空调的民用建筑工程，新风量应符合现行国家标准《公共建筑节能设计标准》（GB 50189）的有关规定。

4.1.4 采用自然通风的民用建筑工程，自然间的通风开口有效面积不应小于该房间地板面积的 1/20，夏热冬冷地区、寒冷地区、严寒地区等 I 类民用建筑工程需要长时间关闭门窗使用时，房间应采取通风换气措施。

4.2 工程地点土壤中氡浓度调查及防氡

4.2.1 新建、扩建的民用建筑的工程地质勘查资料，应包括工程所在城市区域土壤氡浓度或土壤表面氡析出率测定历史资料及土壤氡浓度或土壤表面氡析出率平均值数据。

4.2.2 已进行过土壤中氡浓度或土壤表面氡析出率区域性测定的民用建筑工程，当土壤氡浓度测定结果平均值不大于 10 000 Bq/m^3 或土壤表面氡析出率测定结果平均值不大于 0.02 Bq/（m^2·s），且工程场地所在地点不存在地址断裂构造时，可不再进行土壤氡浓度测定，其他情况均应进行工程场地土壤氡浓度或土壤表面氡析出率测定。

4.2.3 当民用建筑工程场地土壤氡浓度不大于 20 000 Bq/m^3 或土壤表面氡析出率不大于 0.05 Bq/（m^2·s）时，可不采取防氡工程措施。

4.2.4 当民用建筑工程场地土壤氡浓度测定结果大于 20 000 Bq/m^3，且小于 30 000 Bq/m^3，或土壤表氡析出率大于 0.05 Bq/（m^2·s）且小于 0.1 Bq/（m^2·s）时，应采取建筑物底层地面抗开裂措施。

4.2.5 当民用建筑工程场地土壤氡浓度测定结果大于或等于 30 000 Bq/m^3，且小于 50 000 Bq/m^3，或土壤表面氡析出率大于或等于 0.1 Bq/（m^2·s）且小于 0.3 Bq/（m^2·s）时，除采取建筑物底层地面抗开裂措施外，还必须按现行国家标准《地下工程防水技术规范》（GB 50108）中的一级防水要求，对基础进行处理。

4.2.6 当民用建筑工程场地土壤氡浓度大于或等于 50 000 Bq/m^3 或土壤表面氡析出率平均值大于等于 0.3 Bq/（m^2·s）时，应采取建筑物综合防氡措施。

4.2.7 当Ⅰ类民用建筑工程场地土壤中氡浓度大于或等于 50 000 Bq/m^3，或土壤表面氡析出率大于或等于 0.3 Bq/（m^2·s）时，应进行工程场地土壤中的镭-226、钍-232、钾-40 比活度测定。当内照射指数（I_{Ra}）大于 1∶0 或外照射指数（I_γ）大于 1.3 时，工程场地土壤不得作为工程回填土使用。

4.2.8 民用建筑工程场地土壤中氡浓度测定方法及土壤表面氡析出率测定方法应符合本规范附录 E 的规定。

4.3 材料选择

4.3.1 民用建筑工程室内不得使用国家禁止使用、限制使用的建筑材料。

4.3.2 Ⅰ类民用建筑工程室内装修采用的无机非金属装修材料必须为 A 类。

4.3.3 Ⅱ类民用建筑工程宜采用 A 类无机非金属建筑材料；当 A 类和 B 类无机非金属装修材料混合使用时，每种材料使用量应按下式计算：

$$\sum f_i \cdot I_{Rai} \leqslant 1.0 \quad (4.3.3\text{-}1)$$

$$\sum f_i \cdot I_{\gamma i} \leqslant 1.3 \quad (4.3.3\text{-}2)$$

式中：f_i——第 i 种材料在材料总用量中所占质量百分比，%；

I_{Rai}——第 i 种材料的内照射指数；

$I_{\gamma i}$——第 i 种材料的外照射指数。

4.3.4 Ⅰ类民用建筑工程的室内装修，采用的人造木板及饰面人造木板必须达到 E_1 级要求。

4.3.5 Ⅱ类民用建筑工程的室内装修，采用的人造木板及饰面人造木板宜达到 E_1 级要求；当采用 E_2 级人造木板时，直接暴露于空气的部位应进行表面涂覆密封处理。

4.3.6 民用建筑工程的室内装修，所采用的涂料、胶粘剂、水性处理剂，其苯、甲苯和二甲苯、游离甲醛、游离甲苯二异氰酸酯（TDI）、挥发性有机化合物（VOC）的含量，应符合本规范的规定。

4.3.7 民用建筑工程的室内装修时，不应采用聚乙烯醇水玻璃内墙涂料、聚乙烯醇缩甲醛内墙涂料和树脂以硝化纤维素为主、溶剂以二甲苯为主的水包油型（O/W）多彩内墙涂料。

4.3.8 民用建筑工程室内装修时，不应采用聚乙烯醇缩甲醛类胶粘剂。

4.3.9 民用建筑工程的室内装修中使用的木地板及其他木质材料，严禁采用沥青、煤焦油类防腐、防潮处理剂。

4.3.10 Ⅰ类民用建筑工程室内装修粘贴塑料地板时，不应采用溶剂型胶粘剂。

4.3.11 Ⅱ类民用建筑工程中地下室及不与室外直接自然通风的房间粘贴塑料地板时，不宜采用溶剂型胶粘剂。

4.3.12 民用建筑工程中，不应在室内采用脲醛泡沫塑料作为保温、隔热和吸声材料。

5 工程施工

5.1 一般规定

5.1.1 建设、施工单位应按设计要求及本规范的有关规定，对所用建筑材料和装修材料进行现场抽查复验。

5.1.2 当建筑材料和装修材料进场检验，发现不符合设计要求及本规范的有关规定时，严禁使用。

5.1.3 施工单位应按设计要求及本规范的有关规定进行施工，不得擅自更改设计文件要求。当需要修改设计时，应按规定程序进行设计变更。

5.1.4 民用建筑工程室内装修，当多次重复使用同一设计时，宜先做样板间，并对其室内环境污染物浓度进行检测。

5.1.5 样板间室内环境污染物浓度的检测方法，应符合本规范第 6 章的有关规定。当检测结果不符合本规范的规定时，应查找原因并采取相应措施进行处理。

5.2 材料进场检验

5.2.1 民用建筑工程中，建筑主体采用的无机非金属材料和建筑装修材料采用的花岗岩、瓷质砖、磷石膏制品必须有放射性指标检测报告，并应符合本规范第 3 章、第 4 章要求。

5.2.2 民用建筑工程室内饰面采用的天然花岗石材或瓷质砖使用面积大于 200 m^2 时，应对不同产品、不同批次材料分别进行放射性指标的抽查复验。

5.2.3 民用建筑工程室内装修中所采用的人造木板及饰面人造木板，必须有游离甲醛含量或游离甲醛释放量检测报告，并应符合设计要求和本规范的有关规定。

5.2.4 民用建筑工程室内装修中采用的人造木板或饰面人造木板面积大于 500 m^2 时，应对不同产品、不同批次材料的游离甲醛含量或游离甲醛释放量分别进行抽查复验。

5.2.5 民用建筑工程室内装修中所采用的水性涂料、水性胶粘剂、水性处理剂必须有同批次产品的挥发有机化合物（VOC）和游离甲醛含量检测报告；溶剂型涂料、溶剂型胶粘剂必须有同批次产品的挥发有机化合物（VOC）、苯、甲苯+二甲苯、游离甲苯二异氰酸酯（TDI）含量检测报告，并应符合设计要求和本规范的有关规定。

5.2.6 建筑材料和装修材料的检验项目不全或对检测结果有疑问时，必须将材料送有资格的检测机构进行检验，检验合格后方可使用。

5.3 施工要求

5.3.1 采取防氡设计措施的民用建筑工程，其地下工程的变形缝、施工缝、穿墙管（盒）、埋设件、预留孔洞等特殊部位的施工工艺，应符合现行国家标准《地下工程防水技术规范》（GB 50108）的有关规定。

5.3.2 Ⅰ类民用建筑工程当采用异地土作为回填土时，该回填土应进行镭-226、钍-232、钾-40 的比活度测定。当内照射指数（I_{Ra}）不大于 1.0 和外照射指数（I_{γ}）不大于 1.3 时，方可使用。

5.3.3 民用建筑工程室内装修时，严禁使用苯、工业苯、石油苯、重质苯及混苯作为稀释剂和溶剂。

5.3.4 民用建筑工程室内装修施工时，不应使用苯、甲苯、二甲苯和汽油进行除油和清除旧油漆作业。

5.3.5 涂料、胶粘剂、水性处理剂、稀释剂和溶剂等使用后，应及时封闭存放，废料应及时清出。

5.3.6 民用建筑工程室内严禁使用有机溶剂清洗施工用具。

5.3.7 采暖地区的民用建筑工程，室内装修工程施工不宜在采暖期内进行。

5.3.8 民用建筑工程室内装修中，进行饰面人造木板拼接施工时，对达不到 E_1 级的芯板，应对其断面及无饰面部位进行密封处理。

5.3.9 壁纸（布）、地毯、装饰板、吊顶等施工时，应注意防潮，避免覆盖局部潮湿区域。空调冷凝水导排应符合现行国家标准《采暖通风与空气调节设计规范》（GB 50019）的有关规定。

6 验 收

6.0.1 民用建筑工程及其室内装修工程的室内环境质量验收，应在工程完工至少 7 d 以后、工程交付使用前进行。

6.0.2 民用建筑工程及其室内装修工程验收时，应检查下列资料：

1 工程地质勘察报告，工程地点土壤中氡浓度或氡析出率检测报告、工程地点土壤天然放射性核素镭-226、钍-232、钾-40 含量检测报告；

2 涉及室内新风量的设计、施工文件，以及新风量的检测报告；

3 涉及室内环境污染控制的施工图设计文件及工程设计变更文件；

4 建筑材料及装修材料的污染物检测报告，材料进场检验记录，复验报告；

5 与室内环境污染控制有关的隐蔽工程验收记录，施工记录；

6 样板间室内环境污染物浓度检测记录（不做样板间的除外）。

6.0.3 民用建筑工程所用建筑材料及装修材料的类别、数量和施工工艺等，应符合设计要求和本规范的有关规定。

6.0.4 民用建筑工程验收时，必须进行室内环境污染物浓度检测。其限量应符合表 6.0.4 的规定。

表 6.0.4 民用建筑工程室内环境污染物浓度限量

污染物	I 类民用建筑工程	II 类民用建筑工程
氡/（Bq/m^3）	≤200	≤400
甲醛/（mg/m^3）	≤0.08	≤0.1
苯/（mg/m^3）	≤0.09	≤0.09
氨/（mg/m^3）	≤0.2	≤0.2
TVOC/（mg/m^3）	≤0.5	≤0.6

注：1 表中污染物浓度测量值，除氡外均指室内测量值扣除同步测定的室外上风向空气测量值（本底值）后的测量值。
2 表中污染物浓度测量值的极限值判定，采用全数值比较法。

6.0.5 民用建筑工程验收时，采用集中中央空调的工程，应进行室内新风量的检测，检测结果应符合设计要求和现行国家标准《公共建筑节能设计标准》（GB 50189）的有关规定。

6.0.6 民用建筑工程室内空气中的氡的检测，所选用方法的测量结果不确定度不应大于 25%，方法的探测下限不应大于 10 Bq/m^3。

6.0.7 民用建筑工程室内空气中甲醛的检测方法，应符合现行国家标准《公共场所空气中甲醛测定方法》（GB/T 18204.26）中酚试剂分光光度法的规定。

6.0.8 民用建筑工程室内空气中甲醛检测，也可采用简便取样仪器检测方法，甲醛简便取样仪器应定期进行校准，测量结果在 0.01～0.60 mg/m^3 测定范围内的不确定度应小于 20%。当发生争议时，应以现行国家标准《公共场所空气中甲醛测定方法》（GB/T 18204.26）中酚试剂分光光度法的测定结果为准。

6.0.9 民用建筑工程室内空气中苯的检测方法，应符合本规范 F 的规定。

6.0.10 民用建筑工程室内空气中氨的检测方法，应符合现行国家标准《公共场所空气中氨测定方法》（GB/T 18204.25）中靛酚蓝分光光度法的规定。

6.0.11 民用建筑工程室内空气中总挥发性有机化合物（TVOC）的检测方法，应符合本规范附录 G 的规定。

6.0.12 民用建筑工程验收时,应抽检每个建筑单体有代表性的房间室内环境污染物浓度，氡、甲醛、氨、苯、TVOC 的抽检量不得少于房间总数的 5%，每个建筑单体不得少于 3 间，当房间总数少于 3 间时，应全数检测。

6.0.13 民用建筑工程验收时，凡进行了样板间室内环境污染物浓度检测且检测结果合格的，抽检数量减半，并不得少于 3 间。

6.0.14 民用建筑工程验收时，室内环境污染物浓度检测点数应按表 6.0.14 设置。

表 6.0.14 室内环境污染物浓度检测点数设置

房间使用面积/m^2	检测点数/个
＜50	1
≥50，＜100	2
≥100，＜500	不少于 3
≥500，＜1 000	不少于 5
≥1 000，＜3 000	不少于 6
≥3 000	每 1 000 m^2 不少于 3

6.0.15 当房间内有 2 个及以上检测点时，应采用对角线、斜线、梅花状均衡布点，并取各点检测结果的平均值作为该房间的检测值。

6.0.16 民用建筑工程验收时，环境污染物浓度现场检测点应距内墙面不小于 0.5 m、距楼地面高度 0.8～1.5 m。检测点应均匀分布，避开通风道和通风口。

6.0.17 民用建筑工程室内环境中甲醛、苯、氨、总挥发性有机化合物（TVOC）浓度检测时，对采用集中空调的民用建筑工程，应在空调正常运转的条件下进行；对采用自然通风的民用建筑工程，检测应在对外门窗关闭 1 h 后进行。对甲醛、氨、苯、TVOC 取样检测时，装饰装修工程中完成的固定式家具，应保持正常使用状态。

6.0.18 民用建筑工程室内环境中氡浓度检测时，对采用集中空调的民用建筑工程，应在空调正常运转的条件下进行；对采用自然通风的民用建筑工程，应在房间的对外门窗关闭 24 h 以后进行。

6.0.19 当室内环境污染物浓度的全部检测结果符合本规范的 6.0.4 的规定时，可判定该工程室内环境质量合格。

6.0.20 当室内环境污染物浓度检测结果不符合本规范的规定时，应查找原因并采取措施进行处理。采取措施进行处理后的工程，可对不符合项进行再次检测。再次检测时，抽检量应增加 1 倍，并应包含同类型房间及原不合格房间。再次检测结果全部符合本规范的规定时，应判定为室内环境质量合格。

6.0.21 室内环境质量验收不合格的民用建筑工程，严禁投入使用。

附录 A 材料表面氡析出率测定（略）

附录 B 环境测试舱法测定材料中游离甲醛、TVOC 释放量（略）

附录 C 溶剂型涂料、溶剂型胶粘剂中挥发性有机化合物（VOC）、苯系物含量测定（略）

附录 D 新建住宅建筑设计与施工中氡控制要求（略）

附录 E 土壤中氡浓度及土壤表面氡析出率测定（略）

附录 F 室内空气中苯的测定（略）

附录 G 室内空气中总挥发性有机化合物（TVOC）的测定（略）

本规范用词说明

1 为便于在执行本规范条文时区别对待，对要求严格程度不同的用词说明如下：

1）表示很严格，非这样做不可的：
正面词采用“必须”，反面词采用“严禁”；

2）表示严格，在正常情况下均应这样做的：
正面词采用“应”，反面词采用“不应”或“不得”；

3）表示允许稍有选择，在条件许可时首先应这样做的：
正面词采用“宜”，反面词采用“不宜”；

4）表示有选择，在一定条件下可以这样做的，采用“可”。

2 条文中指明应按其他有关标准执行的写法为：“应符合……的规定或“应按……执行”。

引用标准名录

《采暖通风与空气调节设计规范》（GB 50019）
《地下工程防水技术规范》（GB 50108）
《公共建筑节能设计标准》（GB 50189）
《民用建筑设计通则》（GB 50352）
《色漆、清漆和塑料　不挥发物含量的测定》（GB/T 1725）
《建筑材料放射性核素限量》（GB 6566）
《色漆和清漆　密度的测定-比重瓶法》（GB/T 6750）
《建筑物表面氡析出率的活性炭测量方法》（GB/T 16143）
《公共场所空气中氨测定方法》（GB/T 18204.25）
《公共场所空气中甲醛测定方法》（GB/T 18204.26）
《色漆和清漆用漆基　异氰酸酯树脂中二异氰酸酯单体的规定》（GB/T 18446）
《室内装饰装修材料　人造板及其制品中甲醛释放限量》（GB 18580）
《室内装饰装修材料　内墙涂料中有害物质限量》（GB 18582）
《室内装饰装修材料　胶粘剂中有害物质限量》（GB 18583）
《混凝土外加剂中释放氨的限量》（GB 18588）

附录三　室内环境检测工理论模拟试题（一）及参考答案

一、单项选择题：共 30 分，每题 2 分（请从四个备选项中选取一个正确答案填写在括号中。错选、漏选、多选均不得分，也不反扣分）。

1．可以直接用于配制标准溶液的是（　）。

（A）硝酸银　（B）碳酸钠

（C）硫代硫酸钠　（D）碘

2．用质量浓度为 1 000 μg/mL 的贮备液，配制 250 mL 10 mg/L 的标准工作液，应移取贮备液的体积（mL）为（　）。

（A）12.50　（B）2.50

（C）5.00　（D）10.00

3．某样品四次分析结果分别为 24.87、24.93、24.69、24.55，其平均偏差是（　）。

（A）0.10　（B）0.088

（C）0.19　（D）0.14

4．按有效数字运算规则，115.453+2.48+0.247+0.037 计算结果应是（　）。

（A）118.22　（B）118.217

（C）118.2　（D）118

5．空气样品采集时，用溶液吸收法主要用来采集（　）物质。

（A）气态　（B）颗粒物

（C）气态和颗粒物　（D）降尘

6．表示色谱柱的柱效率可用（　）参数。

（A）分配比　（B）分配系数

（C）保留值　（D）有效塔板高度

7．在分析工作中常用来减少测试数据的随机误差的方法是（　）。

（A）校准仪器　（B）提高试剂纯度

（C）增加测量次数　（D）增大样品测定量

8．GB/T 18883—2002 中化学性参数共（　）。

（A）5 项　（B）10 项

（C）13 项　（D）19 项

9．室内空气检测结果，每次平行采样，测定之差与平均值比较的相对偏差不超过（　）。

（A）5%　（B）10%

（C）15%　（D）20%

10．用移液管移取标准溶液时，下列操作中错误的是（　）。

（A）移液管洗净后应“润洗”

（B）放出溶液时，移液管要“垂直”

（C）移液管必须插入容量瓶底部移取溶液

（D）移液管最后一滴不再“吹”

11．空气中总悬浮颗粒物的空气动力学当量直径为小于（　）。

（A）100 μm　　（B）60 μm

（C）30 μm　　（D）10 μm

12．我国的空气质量标准是以标准状况时的体积为依据的，标准状况的温度和压力分别是（　）。

（A）0℃、101.325 kPa　　（B）20℃、101.325 kPa

（C）25℃、101.325 kPa　　（D）25℃、103.125 kPa

13．室内空气质量标准中，放射性参数：氡的标准值为（　）。

（A）400 Bq/m^3　　（B）400 cfu/m^3

（C）250 Bq/m^3　　（D）250 cfu/m^3

14．下述方法中不属于常用的气相色谱定量测定方法的是（　）。

（A）匀称线对法　　（B）标准曲线法

（C）内标法　　（D）归一化法

15．空气中 SO_2 测定的常用方法有（　）。

（A）库仑确定法　　（B）盐酸副玫瑰苯胺比色法

（C）溶液电导法　　（D）盐酸萘乙二胺比色法

二、判断题：共 15 分，每题 1 分

1．可用作基准物质的试剂叫作基准试剂，也称为标准试剂。（　）

2．摩尔吸光系数随比色皿厚度的变化而变化。（　）

3．室内空气中污染物包括物理、化学和生物污染物三大类。（　）

4．NO_x 是城市光化学烟雾的重要构成因素。（　）

5．内标法和归一化法都是气相色谱测定时常用的定量方法。（　）

6．气相色谱分析时进样时间应控制在 1 s 以内。（　）

7．空气中颗粒物的采集主要是溶液吸收法。（　）

8．室内空气采样时，采样点离墙至少 1 m。（　）

9．待测物呈红色，那么，入射光的波长选红光区域的波长。（　）

10．甲醛是室内空气中主要气态污染物。（　）

11．按天然石材的放射性水平，天然石材产品分为三大类。（　）

12．溶液的吸光度与光程长度成反比。（　）

13．大气采样口的高度一般为 1.5～2.0 m。（　）

14．GB/T 18883—2002 中规定室内空气中甲醛的标准值为 0.1 mg/m^3。（　）

15．衡量实验室内测试数据的主要质量指标是准确度和精密度。（　）

三、填空题：共 20 分，每空 1 分

1．用 $1/2H_2SO_4$ 作基本单元时，98.08 g 的硫酸，$n(1/2H_2SO_4)$为_____mol。

2．20.50ml 的 c (NaOH)=0.150 0 mol/L 的氢氧化钠标准溶液恰好与 18.15 mL 的硫酸溶液中和，则 c $(1/2H_2SO_4)$=_____mol/L。

3．当浓硫酸物质的量浓度为 18 mol/L 时，如用水将其稀释为 4 倍时的比例浓度为

________硫酸溶液。

4. 优级纯的试剂是___级品，其代号和颜色分别是________、________。

5. 为保证分析结果的准确度，常需要一种用来校正仪器、标定溶液浓度和评价分析方法的物质，这种物质被称为________。

6. 实验室各级用水均应使用________容器贮存。

7. AHMT 分光光度法测定空气中甲醛含量时，吸收液中包括：三乙醇胺、偏重亚硫酸钠、乙二胺乙酸二钠，显色剂（简称）为________。

8. 影响室内空气品质的空气参数主要是________、________和________。

9. 滴定管的体积读数校正方法：称量由滴定管流出一定体积水的质量，然后根据该温度时水的________，将水的质量换算为体积。

10. 推荐性国家标准 GB/T 18883—2002 的名称是________，本准标从________开始实施。

11. “色谱纯”试剂在分类上，属于________试剂。

12. 气相色谱法测定空气中的苯含量时，采用________采样管采样。

13. 氡的闪烁瓶测量法，其闪烁瓶内层涂以________粉，使氡及其子体衰变后放射出的α粒子入射闪烁瓶后，使之发光。

14. 空气污染物按其存在的状态分为________、________两大类。

四、问答题：每小题 5 分，共 15 分

1. 什么叫准确度？怎样评价分析方法的准确度的高低？

2. 民用建筑工程分为Ⅰ类和Ⅱ类是如何划分的？

3. 民用建筑工程验收时，室内空气检测怎样设置采样点？

五、计算题：每小题 10 分，共 2 小题，共 20 分

1. 配制氨的标准溶液：已知 NH_4Cl 的摩尔质量为 53.49 g/mol，NH_3 的摩尔质量为 17.02 g/mol，欲配制质量浓度为 500 mg/L 氨标准溶液 2 000 mL，计算：应称取经处理的 NH_4Cl 多少克？

2. 用 AHMT 法通过标准曲线测甲醛含量，采用甲醛标准溶液（2 μg/mL）制备标准系列，并测定吸光度：

甲醛标液/mL	0.00	0.20	0.40	0.80	1.00	1.20
吸收液/mL	2.00	1.80	1.60	1.20	1.00	0.80
吸光度/A	0.032	0.104	0.176	0.320	0.392	0.464

采集空气样品时 P = 101.0 kPa，t = 25℃，采样体积为 20.1 L，吸收液 5 mL，测得此样品的吸光度为 0.244。试计算：① 标准状态的采样体积；② 样品中甲醛质量浓度。

参考答案

一、单项选择题

1．B	2．B	3．D	4．A	5．A
6．D	7．C	8．C	9．D	10．C
11．A	12．A	13．A	14．A	15．B

二、判断题

1．√	2．×	3．√	4．√	5．√
6．√	7．×	8．×	9．×	10．√
11．√	12．×	13．×	14．√	15．√

三、填空题

1．2

2．0.169 4

3．1+3

4．一级，GR、绿色

5．标准物质

6．专用聚乙烯塑料

7．AHMT

8．温度，湿度，风速

9．密度

10．室内空气质量标准，2003 年 3 月 1 日

11．专用

12．活性炭

13．ZnS（Ag）

14．气态，颗粒物

四、问答题

1．准确度是指分析方法所得的分析结果与真值或实际值之间的符合程度。

评价分析方法准确度的方法有标准物质的分析和回收率的测定。

2．Ⅰ类民用建筑工程指：住宅、办公楼、医院病房、老年建筑、幼儿园、学校教室等；

Ⅱ类民用建筑工程指：旅店、文化娱乐场所、书店、图书馆、展览馆、体育馆、商场、公共交通工具等候室、医院候诊室、饭馆、理发店等。

3．民用建筑工程验收时，室内空气检测采样点设置为：

房间面积小于 50 m^2 时，设 1 个检测点；

房间面积在 50～100 m^2 时，设 2 个检测点；

房间面积大于 100 m^2 时，设 3～5 个检测点；

检测点距内墙面不小于 0.5 m，距楼地面高度 0.8～1.5 m，检测点应均匀分布，避开通风道和通风口。

五、计算题

1．m=3.14 g

2.

甲醛标液/mL	0.00	0.20	0.40	0.80	1.00	1.20
甲醛含量/μg	0.00	0.40	0.80	1.60	2.00	2.40
吸光度/A	0.032	0.104	0.176	0.320	0.392	0.464
$A-A_0$	0.000	0.072	0.144	0.288	0.360	0.432

注：以甲醛含量（μg）～$A-A_0$作图，或进行最小二乘法回归，求出样品中甲醛含量为m=（5/2）×1.36（μg）= 3.4（μg）。

①标准状态的采样体积=18.4 L。

②样品中甲醛质量浓度=3.4/18.4=0.18（μg/L）= 0.18 mg/m^3。

附录四 室内环境检测工理论模拟试题（二）及参考答案

一、单项选择题：共 30 分，每题 2 分（请从四个备选项中选取一个正确答案填写在括号中。错选、漏选、多选均不得分，也不反扣分）

1. 可以直接用于配制标准溶液的是（ ）。

（A）HCl （B）$K_2Cr_2O_7$

（C）HCHO （D）NaOH

2. 用质量浓度为 10.00 μg/mL 的中间液，配制 250 mL 1.00 μg/mL 的标准工作液，应移取中间液的体积为（ ）。

（A）12.5 mL （B）25 mL

（C）50 mL （D）100 mL

3.（ ）不属于室内环境。

（A）办公室 （B）超市

（C）公交车 （D）城市广场

4. 绘制标准曲线时，通常以（ ）为纵坐标，浓度为横坐标。

（A）吸光度 （B）透光率

（C）浓度 （D）透射比

5. 用计算器计算空气中氨含量$\rho(NH_3)=(A-A_0)B_s\div V_0$时，若$(A-A_0)$=0.112、$1/B_s=0.078$，$V_0=9.36$时，其计算结果是（ ）。

（A）0.15 （B）0.153

（C）0.153 4 （D）0.153 41

6. 室内空气中甲醛采样的方法是（ ）。

（A）溶液吸收法 （B）填充剂阻留法

（C）固体吸附法 （D）自然积聚法

7. 室内甲醛两次检测结果分别为 0.322 mg/m^3、0.364 mg/m^3，其平均偏差是（ ）。

（A）1.53% （B）3.06%

（C）6.12% （D）12.24%

8. 衡量实验室内测试数据的精密度指标是（ ）。

（A）随机误差 （B）系统误差

（C）绝对误差 （D）相对偏差

9. 在色谱流出曲线上，两峰间距离取决于相应两组分在两相间的（ ）。

（A）保留值 （B）分配系数

（C）扩散速度 （D）分配比

10. 色谱柱的柱效率可以用（ ）表示。

（A）分配比 （B）分配系数

（C）保留值 （D）有效塔板高度

11．室内空气质量标准中物理性参数共（ ）。

（A）1 项　　（B）4 项

（C）10 项　　（D）13 项

12．室内空气质量标准中，细菌总数的标准值为（ ）。

（A）2 500 Bq/m^3　　（B）2 500 cfu/m^3

（C）250 Bq/m^3　　（D）250 cfu/m^3

13．分光光度法操作过程中，能配套使用的比色皿透光率相差不超过（ ）。

（A）0.005%　　（B）0.05%

（C）0.5%　　（D）5%

14．用于标定甲醛溶液的方法是（ ）。

（A）标准曲线法　　（B）工作曲线法

（C）碘量法　　（D）恒重法

15．下列污染物中能采用气相色谱法分析的是（ ）。

（A）氨气　　（B）苯

（C）细菌总数　　（D）氡

二、判断题：每空 1 分，共 15 分

1．室内空气中可吸入颗粒物的采集主要是直接采样法。（ ）

2．室内空气采样时，要求采样点离墙至少 2 m。（ ）

3．标准状况指温度 25℃，1 个标准大气压。（ ）

4．测定气相色谱法的校正因子时，其测定结果的准确度，受进样量的影响。（ ）

5．室内空气检测应在门窗关闭的条件下进行。（ ）

6．用分光光度法进行测定时，应选择合适的波长。（ ）

7．氨气主要来源于混凝土外加剂。（ ）

8．甲醛是一种无色无味的气体。（ ）

9．挥发性有机物包括甲醛和苯。（ ）

10．室内空气质量标准要求甲醛质量浓度不超过 0.1 mg/m^3。（ ）

11．标准系列溶液比色测定时，空白溶液的吸光度为零。（ ）

12．气相色谱固定液必须不能与载体、组分发生不可逆的化学反应。（ ）

13．气相色谱分析时，组分在气—液两相间分配比越大，保留时间越长。（ ）

14．在分析工作中常用校准仪器和增加测量次数来减少测试数据的系统误差。（ ）

15．非基准物质配制成标准溶液时，必须标定。（ ）

三、填空题：每空 1 分，共 20 分

1．气态污染物的采样方法分直接采样法和______两大类，其中直接采样法常用的容器有______、______、______和真空瓶等。

2．20.00 mL 的 $c\,(NaOH)$=0.150 0 mol/L 的氢氧化钠标准溶液恰好与 15.00 mL 的硫酸溶液中和，则 $c\,(H_2SO_4)$=___mol/L。

3．酚试剂分光光度法测定空气中甲醛含量时，采样流量应设置为___L/min，采样时间为___min。

4．测定室内空气中氨的检验方法为______分光光度法。

5．室内空气质量标准的代码是______，本标准从______年开始实施。

6．强制性国家标准和推荐性国家标准的代号分别为______、______。

7．按天然石材的放射性水平，天然石材产品分为______、______、______三类。

8．《民用建筑工程室内环境污染控制规范》中规定必须进行室内环境污染物浓度检测的项目有______、______、______、______和______。

四、问答题：每小题 5 分，共 3 小题，计 15 分

1．我国化学试剂分成哪四个等级？

2．室内检测工作按照检测目的可以分成哪三类？

3．室内装饰装修材料有害物质限量的国家标准包括哪十项？

五、计算题：每小题 10 分，共 2 小题，计 20 分

1．标准状态下，CO 的质量浓度为 3.0 mg/m^3，换算成 10^{-6} 级体积分数（ppm）为多少？

2．在环境温度 25℃，大气压力为 98.6 kPa 的现场采集 3 L 气体样品，问换算标准状态下（0℃，101.32 kPa）的采样体积是多少？

参考答案

一、单项选择题

1．B　2．B　3．D　4．A　5．B

6．A　7．C　8．D　9．B　10．D

11．B　12．B　13．C　14．C　15．B

二、判断题

1．×　2．×　3．×　4．×　5．√

6．√　7．√　8．×　9．√　10．√

11．×　12．√　13．√　14．√　15．√

三、填空题

1．浓缩采样法，注射器，塑料袋，采气管

2．0.1

3．0.5，20

4．靛酚蓝

5．GB/T 18883—2002，2003

6．GB，GB/T

7．A，B，C

8．甲醛，氨，苯，TVOC，氡

四、问答题

1．我国化学试剂分成四个等级，分别是优级纯 GR、分析纯 AR、化学纯 CP、实验纯 LR。

2．室内检测工作按照检测目的可以分成三类，即

① 室内空气质量检测；

② 污染源检测；

③ 特定目的检测。

3．室内装饰装修材料有害物质限量的国家标准包括十类，分别是：

① 人造板及其制品；② 溶剂型木器涂料；③ 内墙涂料；④ 胶粘剂；⑤ 木家具；⑥ 壁纸；⑦ 聚氯乙烯卷材地板；⑧ 地毯、地毯衬垫、地毯胶粘剂；⑨ 混凝土外加剂；⑩ 建筑材料放射性核素。

五、计算题

1．由 $X(\text{ppm})=\frac{22.4}{M}\times A=\frac{22.4}{28}\times 3.0=2.4(\text{ppm})$（0℃，101.325 kPa）

2．$V_0=V_t\frac{273}{273+T}\times\frac{P}{101.32}=3\times\frac{273}{273+25}\times\frac{98.6\text{ kPa}}{101.32}=2.67(\text{L})$

附录五 室内环境检测工理论模拟试题（三）及参考答案

一、单项选择题：共 30 分，每题 2 分（请从四个备选项中选取一个正确答案填写在括号中。错选、漏选、多选均不得分，也不反扣分）

1．可以直接用于配制标准溶液的是（　）。

（A）NaCl　　（B）$Na_2S_2O_3$

（C）NaOH　　（D）Na_2SO_3

2．用质量浓度为 250.0 μg/mL 的贮备液，配制 1 L 1.00 μg/mL 的标准使用液，应移取贮备液的体积为（　）。

（A）0.04 mL　　（B）0.40 mL

（C）4.00 mL　　（D）40.00 mL

3．（　）不属于室内甲醛污染源。

（A）人造板　　（B）石材

（C）胶粘剂　　（D）地毯

4．分光光度计使用时要用（　）调百，此时仪器显示“100.0”。

（A）黑体　　（B）遮光片

（C）标准溶液　　（D）参比溶液

5．下列滴定管读数中，正确的是（　）。

（A）10.000 mL　　（B）10.00 mL

（C）10.0 mL　　（D）10 mL

6．用气相色谱法定量分析样品组分时，分离度至少为（　）。

（A）0.50　　（B）0.75

（C）1.0　　（D）1.5

7．室内甲醛两次检测结果分别为 0.116 mg/m^3、0.110 mg/m^3，其平均偏差是（　）。

（A）1.32%　　（B）2.65%

（C）5.30%　　（D）10.6%

8．衡量实验室内测试数据的准确度指标是（　）。

（A）极差　　（B）相对误差

（C）平均值　　（D）相对偏差

9．一般情况下，空气中总悬浮颗粒物的空气动力学应小于（　）。

（A）100 μm　　（B）20 μm

（C）10 μm　　（D）1 μm

10．在气相色谱中，保留值实际上所反映的是（　）分子间的相互作用力。

（A）组分和载气　　（B）载气和固定相

（C）组分和固定相　　（D）组分和组分

11．室内空气质量标准中生物性参数共（ ）。

（A）1 项　　（B）4 项

（C）10 项　　（D）13 项

12．室内空气质量标准中，细菌总数的标准值为（ ）。

（A）2 500 Bq/m^3　　（B）2 500 cfu/m^3

（C）250 Bq/m^3　　（D）250 cfu/m^3

13．分光光度法操作过程中，能配套使用的比色皿透光率相差不超过（ ）。

（A）0.005%　　（B）0.05%

（C）0.5%　　（D）5%

14．用于标定硫代硫酸钠溶液的滴定方法是（ ）。

（A）酸碱滴定法　　（B）配位滴定法

（C）氧化还原滴定法　　（D）沉淀法

15．下列污染物中不能采用分光光度法分析的是（ ）。

（A）氨　　（B）苯

（C）臭氧　　（D）二氧化硫

二、判断题：每空 1 分，共 15 分

1．室内空气中可吸入颗粒物的采集主要是固体吸附法。（ ）

2．室内空气采样时，要求采样点离墙至少 0.5 m。（ ）

3．标准状况指温度 273℃，101.3kPa。（ ）

4．一氧化碳是一种室内空气污染物。（ ）

5．室内空气检测应在室内无人的条件下进行。（ ）

6．使用分光光度计时，仪器应预热 15～30 min。（ ）

7．靛酚蓝分光光度法测定氨气时，显色剂简称靛酚蓝。（ ）

8．氡是一种无色无味的气体。（ ）

9．TVOC 不包括甲醛和苯。（ ）

10．室内空气质量标准要求甲醛质量浓度不超过 0.1 mg/m^3。（ ）

11．空白试验值就是用蒸馏水代替实际样品，并完全按照实际试样的分析程序同样操作后所得到的分析结果。（ ）

12．恒重要求两次称量值之差小于 0.5 g。（ ）

13．气相色谱法通过保留时间进行定量分析。（ ）

14．进行平行双样测定，可以减少随机误差。（ ）

15．室内空气质量标准属于强制性国家标准。（ ）

三、填空题：每空 1 分，共 20 分

1．气态污染物的采样方法分______和浓缩采样法两大类，其中浓缩采样法有______、______、______和低温冷凝法等。

2．当浓硫酸物质的量浓度为 18 mol/L 时，如用水将其稀释为 5 倍，则稀释后的比例浓度为______。

3．空气中甲醛采样时，应记录采样流量、______、采样气温以及______。

4．测定室内空气中 TVOC 的检验方法为______。

5．室内空气质量标准的代码是______，本标准从______年开始实施。

6．我国国家环境保护标准体系分为三级，分别为______、______、______。

7．室内检测工作按照检测目的分为______、______、______三类。

8．我国化学试剂分成________、________、________和________四个等级。

四、问答题：每小题 5 分，共 3 小题，计 15 分

1．常用的大气采样收集装置有：注射器取样、塑料袋取样、溶液吸收取样、填充小柱取样、低温冷凝取样、固定容器取样、滤料取样等。请问以上取样方法中哪些是直接取样？哪些是浓缩取样？

2．按天然石材的放射性水平，天然石材产品可以分成哪三类？

3．《民用建筑工程室内环境污染控制规范》中规定必须进行室内环境污染物浓度检测的项目有哪五种？

五、计算题：每小题 10 分，共 2 小题，计 20 分

1．对室内空气进行苯采样，设定采样流量为 0.5 L/min，采样时间为 20 min，记录现场气温为 25℃，大气压为 100.8 kPa，样品经气相色谱法分析得出苯的质量为 0.912 μg，试求出室内空气中苯的质量浓度。

2．非分散红外吸收法测定 CO 的最小检出限为 1 μL/L，如换算成 mg/m^3 是多少？

参考答案

一、单项选择题

1．A	2．C	3．B	4．D	5．B
6．C	7．B	8．B	9．C	10．D
11．A	12．B	13．C	14．C	15．B

二、判断题

1．×	2．√	3．×	4．√	5．√
6．√	7．×	8．√	9．×	10．√
11．√	12．×	13．×	14．√	15．×

三、填空题

1．直接采样法，溶液吸收法，固体吸附法，滤料阻留法

2．1+4

3．采样时间，气压

4．气相色谱法

5．GB/T 18883—2002，2003

6．国家标准，地方标准，行业标准

7．空气质量监测，污染源监测，特定目的监测

8．优级纯 GR，分析纯 AR，化学纯 CP，实验纯 LR

四、问答题

1．直接取样的有：注射器取样、塑料袋取样、固定容器取样。

浓缩取样的有：溶液吸收取样、填充小柱取样、低温冷凝取样、滤料取样。

2．把天然石材产品分为 A、B、C 三类。

①A 类产品，该类产品使用范围不受限制；

②B 类产品，该类石材产品不可用于家居装饰，但可用于其他一切建筑物的内、外饰面；

③C 类产品，该类产品只可用于建筑物的外饰面。

3.《民用建筑工程室内环境污染控制规范》中规定必须进行室内环境污染物浓度检测的项目有：甲醛、氨、苯、TVOC、氡

五、计算题

1．标准采气体积 $V_0=V_t\,273/(273+t)\times P/101.3$

$=0.5\times20\times273/(273+25)\times100.8/101.3$

$=9.12$（L）

样品中苯的质量浓度$\rho=m/V=0.912/9.12=0.100\ \mu g/L=0.100\ mg/m^3$

2．1.25 mg/m^3

附录六 室内环境检测工仪器分析操作技能考核评分参考标准

考件编号：__________姓名：__________准考证号：__________单位：__________

室内空气中甲醛含量的测定——酚试剂法

开始时间： 结束时间： 日期：

序号	操作项目	考核内容	配分	评分标准	考核记录	扣分
1	显色反应	显色反应操作过程	15	移液管、容量瓶等玻璃仪器洗涤与使用不当，扣1～5分		
				标准系列的制备及显色反应步骤不当，扣1～5分		
				定容操作（稀释至刻度、准确度、摇匀）不当，扣1～5分		
2	仪器操作过程	开机过程	8	按下灯电源开关，将模式调整到“T”挡，未按规定操作，扣2分		
				关闭光路，仪器预热20 min，未按规定操作，扣2分		
				调节波长至需要值，未按规定操作，扣2分		
				调节“0%T”旋钮，使数字表显示“0.00”，未按规定操作，扣2分		
		比色皿操作	8	洗涤及润洗，未按规定操作，扣2分		
				装溶液的量应合适，未按规定操作，扣1分		
				擦干（滤纸吸干、擦镜纸擦拭），未按规定操作，扣2分		
				手拿毛面，未按规定操作，扣2分		
				光面顺着光路放入，未按规定操作，扣1分		
		测量过程	16	比色皿配套性的检查，未检查扣2分		
				选择合适的参比液，并将其推入光路，未按规定操作，扣2分		
				打开光路，未按规定操作，扣2分		
				调节“100%T”旋钮，使数字表显示“100.0”，未按规定操作扣2分		
				将模式调至“A”挡，使显示A值=0.000，未按规定操作，扣2分		
				从低到高测定标准系列溶液的A，正确记录A值，未按规定操作，扣2分		
				更换溶液，需重新检查A的零点，继续测A值，未按规定操作，扣2分		
				取出比色皿，洗净、擦干、放入盒内，未按规定操作，扣2分		
		关机过程	8	关主机电源，未按规定操作，扣2分		
				将所有操作键复原，未按规定操作，扣2分		
				拔下电源插头，罩上罩子，未按规定操作，扣2分		
				数据记录有误，未按规定更改数据，扣2分		

序号	操作项目	考核内容	配分	评分标准	考核记录	扣分
3	实验结果	数据处理	40	工作曲线绘制（浓度单位、坐标选取、斜率、线性等），有误扣 2 分		
				计算公式，有误扣 2 分		
				计算结果准确度：大于 2%扣 5 分；大于 3%扣 10 分；大于 4%扣 15 分；大于 5%扣 20 分		
				精密度大于 1%扣 5 分，大于 2%扣 10 分；大于 3%扣 16 分		
4	安全文明生产	台面及实验条理性	5	实验台面不整洁（无杂物、无水迹等），扣 1 分		
				物品摆放不规范，扣 1 分		
				仪器维护（仪器上无液滴、灰尘等）不当，扣 1 分		
				附近环境不整洁（地面等），扣 1 分		
				安全操作情况不规范，出现事故、有设备的损坏，5 分全扣		
5	操作时间	按时完成操作	倒扣分	考核时间为 120 min，超出时间 5 min 扣 2 分；超出 10 min 扣 4 分；超出 15 min 扣 6 分；超出 20 min 扣 8 分，依此类推		
	分数合计		100			

考评员：

附录七 室内环境检测工化学分析操作技能考核评分参考标准

考件编号：________ 姓名：_____ 准考证号：_______ 单位：_______________

硫代硫酸钠标准溶液的标定

开始时间： 结束时间： 日期：

	项 目	分数	评分
天平称量	（1）取下、放好天平罩，检查水平，清扫天平	1	
	（2）检查和调节空盘零点	1	
	（3）称量（称量纸）		
	①重物置盘中央	1	
	②加减砝码顺序	1	
	③天平开关控制（取放砝码试样——关，试重——半开，读数——全开，轻开轻关）	2	
	④关天平门读数、记录	2	
	（4）增量法称重铬酸钾		
	①加药的姿势正确	2	
	②无洒出称量纸外	1	
	③称量超出±0.1 mg 扣 2 分	2	
	④称量时间（调好零点记录第二次读数）12 min，超过 1 min 扣 1 分	3	
	（5）结束工作（砝码复位，清洁，关天平门，罩好天平罩）	2	
	小计	18	
溶液配制	（1）清洁（内壁不挂水珠）	1	
	（2）试剂溶解，搅拌（声音尽量小）	1	
	（3）容量瓶的正确检漏	1	
	（4）定量转移入容量瓶（转移溶液操作，冲洗烧杯、玻棒 3 次以上，不溅失）	3	
	（5）稀释至标线，观察液面	2	
	摇匀（1/2 时初步混匀，最后混匀 10±2 次）	2	
	小计	10	
移液	（1）清洁（内壁和下部外壁不挂水珠，吸干尖端内外水分）	1	
	（2）25mL 移液管用待吸液润洗 3 次（每次适量）	2	
	（3）吸液（手法规范，吸空不给分）	2	
	（4）调节液面至标线（管垂直，容量瓶倾斜，管尖靠容量瓶内壁，调节自如；不能超过 2 次，超过 1 次扣 1 分）	2	
	（5）放液（管垂直，锥形瓶倾斜，管尖靠锥瓶内壁，最后停留 15 s，转 3 圈）	2	
	（6）正确处理管尖处残留的溶液	1	
	小计	10	
滴定	（1）滴定管检漏	1	
	（2）清洁	1	
	（3）用操作液润洗 3 次	2	
	（4）装液，调初读数，无气泡，不漏水	2	

<table>
<tr><th></th><th colspan="4">项 目</th><th>分数</th><th>评分</th></tr>
<tr><td rowspan="7">滴定</td><td colspan="4">（5）滴定（确保平行滴定 3 份）</td><td></td><td></td></tr>
<tr><td colspan="4">①滴定管（手法规范；连续滴加，加 1 滴，加半滴；不漏水）</td><td>3</td><td></td></tr>
<tr><td colspan="4">②锥形瓶（位置适中，手法规范，溶液呈圆周运动）</td><td>3</td><td></td></tr>
<tr><td colspan="4">③终点判断（近终点加 1 滴，半滴，颜色适中）</td><td>3</td><td></td></tr>
<tr><td colspan="4">（6）读数（手不捏盛液部分，管垂直；眼与液面平，读弯月面下缘实线最低点；读至 0.01 mL，及时记录）</td><td>3</td><td></td></tr>
<tr><td colspan="4">小计</td><td>18</td><td></td></tr>
<tr style="display:none"></tr>
<tr><td rowspan="7">结果</td><td colspan="4">c（平均值）＝ mol/L，平均相对偏差＝ %</td><td>40</td><td></td></tr>
<tr><td>准确度</td><td>分数</td><td>相对平均偏差</td><td>分数</td><td></td><td></td></tr>
<tr><td>±0.5%内</td><td>20</td><td>≤0.3%</td><td>20</td><td></td><td></td></tr>
<tr><td>±1%内</td><td>15</td><td>≤0.5%</td><td>15</td><td></td><td></td></tr>
<tr><td>±2%内</td><td>10</td><td>≤0.8%</td><td>10</td><td></td><td></td></tr>
<tr><td>±3%内</td><td>5</td><td>≤1.0%</td><td>5</td><td></td><td></td></tr>
<tr><td>±3%以外</td><td>0</td><td>＞1.0%</td><td>0</td><td></td><td></td></tr>
<tr><td rowspan="3">其他</td><td colspan="4">（1）数据记录，结果计算（列出计算式），报告格式</td><td>2</td><td></td></tr>
<tr><td colspan="4">（2）清洁整齐</td><td>2</td><td></td></tr>
<tr><td colspan="4">小计</td><td>4</td><td></td></tr>
<tr><td>倒扣</td><td colspan="4">考核时间为 120 min，超出时间 5 min 扣 2 分；超出 10 min 扣 4 分；超出 15 min 扣 6 分；超出 20 min 扣 8 分，依此类推</td><td></td><td></td></tr>
<tr><td>总分</td><td colspan="4"></td><td>100</td><td></td></tr>
<tr><td>得分</td><td colspan="4"></td><td></td><td></td></tr>
</table>

考评员：

附表 1

检　测　报　告

××××监字［200×］××—××× 号

被检测方：____________________

检测地点：____________________

检测日期：____________________

检测项目：____________________

检测机构：____________________（章）

续附表 1

注意事项

1．报告无检测单位公章及检测专用章无效。

2．复制报告未重新加盖检测单位公章无效。

3．报告无检验、审核、批准人签字无效。

4．报告涂改无效。

5．对报告有异议，在收到报告之日起十五日内，向本单位或上级主管部门申请复验，逾期不申请的，视为认可检测报告。

地　　址：

邮政编码：

电　　话：

续附表 1

检 测 报 告

××××监字［200×］××—××× 号

共　页第　页

被检测方	
检 测 方	
检测地点	
检测日期	
检测项目	
检测仪器	（填写所使用的主要仪器）
检测依据	（填写具体的测试方法）
评价依据	（填写执行的标准）
结　论： （检测报告专用章） 签发日期：　　年　月　日	
备注：	

采样及分析：　　　　报告编写：　　　　审核：　　　　批准：

续附表 1

检 测 报 告

××××检字［200×］××—××× 号

共 页第 页

测试地点	测试项目	单 位	实测值	标准值	单项判定

采样及分析： 报告编写： 审核： 批准：

附表 2

室内空气采样及现场监测原始记录

采样地点：　　日期：　　气温：　　气压：　　相对湿度：　　风速：

项目	点位	编号	采样时间/min	采样流量/（L/min）	质量浓度/（mg/m^3）	仪器名称及编号
现场情况及布点示意图：						
备注						

采样及现场监测人员：　　质控人员：　　运送人员：　　接收人员：

附录八　室内装饰装修材料有害物质限量

室内装饰装修材料有害物质限量的国家标准包括：人造板及其制品、内墙涂料、溶剂型木器涂料、胶粘剂、地毯及地毯用胶粘剂、壁纸、木家具、聚氯乙烯卷材地板、混凝土外加剂、建筑材料放射性核素共 10 项。

一、《室内装饰装修材料　人造板及其制品中甲醛释放限量》（GB 18580—2001）（摘录）

1．范围

本标准规定了室内装饰装修用人造板及其制品（包括地板、墙板等）中甲醛释放量的指标值、试验方法和检验规则。

本标准适用于释放甲醛的室内装饰装修用各种类人造板及其制品。

2．要求

室内装饰装修用人造板及其制品中甲醛释放量应符合表 1 的规定。

表 1　人造板及其制品中甲醛释放量试验方法及限量值

产品名称	试验方法	限量值	使用范围	限量标志 [b]
中密度纤维板、高密度纤维板、刨花板、定向刨花板等	穿孔萃取法	≤9 mg/100 g	可直接用于室内	E_1
		≤30 mg/100 g	必须饰面处理后可允许用于室内	E_2
胶合板、装饰单板贴面胶合板、细木工板等	干燥器法	≤1.5 mg/L	可直接用于室内	E_1
		≤5.0 mg/L	必须饰面处理后可允许用于室内	E_2
饰面人造板（包括浸渍纸层压木质地板、实木复合地板、竹地板、浸渍胶膜纸饰面人造板等）	气候箱法 [a]	≤0.12 mg/m^3	可直接用于室内	E_1
	干燥器法	≤1.5 mg/L		

a．仲裁时采用气候箱法。

b．E_1 为可直接用于室内的人造板，E_2 为必须饰面处理后允许用于室内的人造板。

二、《室内装饰装修材料　溶剂型木器涂料中有害物质限量》（GB 18581—2009）

1．范围

本标准适用于室内装饰装修和工厂化涂装用聚氨酯类、硝基类和醇酸类溶剂型木器涂料（包括底漆和面漆）及木器用溶剂型腻子。不适用于辐射固化涂料和不饱和聚酯腻子。

2. 要求

产品中有害物质限量应符合表 1 的要求：

表 1 有害物质限量的要求

<table>
<tr><th colspan="2" rowspan="3">项 目</th><th colspan="5">限量值</th></tr>
<tr><th colspan="2">聚氨酯类涂料</th><th rowspan="2">硝基类涂料</th><th rowspan="2">醇酸类涂料</th><th rowspan="2">腻子</th></tr>
<tr><th>面漆</th><th>底漆</th></tr>
<tr><td colspan="2" rowspan="2">挥发性有机化合物（VOC）含量[a]/（g/L） ≤</td><td>光泽（60°）≥80，580</td><td rowspan="2">670</td><td rowspan="2">720</td><td rowspan="2">500</td><td rowspan="2">550</td></tr>
<tr><td>光泽（60°）＜80，670</td></tr>
<tr><td colspan="2">苯含量[a]/% ≤</td><td colspan="5">0.3</td></tr>
<tr><td colspan="2">甲苯、二甲苯、乙苯含量总和[a]/% ≤</td><td colspan="2">30</td><td>30</td><td>5</td><td>30</td></tr>
<tr><td colspan="2">游离二异氰酸酯（TDI、HDI）含量总和[b]/% ≤</td><td colspan="2">0.4</td><td>—</td><td>—</td><td>0.4
（限聚氨酯类腻子）</td></tr>
<tr><td colspan="2">甲醇含量[a]/% ≤</td><td colspan="2">—</td><td>0.3</td><td>—</td><td>0.3
（限硝基类腻子）</td></tr>
<tr><td colspan="2">卤代烃含量[a,c]/% ≤</td><td colspan="5">0.1</td></tr>
<tr><td rowspan="4">可溶性重金属含量（限色漆、腻子和醇酸清漆）/（mg/kg） ≤</td><td>铅 Pb</td><td colspan="5">90</td></tr>
<tr><td>镉 Cd</td><td colspan="5">75</td></tr>
<tr><td>铬 Cr</td><td colspan="5">60</td></tr>
<tr><td>汞 Hg</td><td colspan="5">60</td></tr>
</table>

a. 按产品明示的施工配比混合后测定。如稀释剂的使用量为某一范围时，应按照产品施工配比规定的最大稀释比例混合后进行测定。

b. 如聚氨酯类涂料和腻子规定了稀释比例或由双组分或多组分组成时，应先测定固化剂（含游离二异氰酸酯预聚物）中的含量，再按产品明示的施工配比计算混合后涂料中的含量。如稀释剂的使用量为某一范围时，应按照产品施工配比规定的最小稀释比例进行计算。

c. 包括二氯甲烷、1,1-二氯乙烷、1,2-二氯乙烷、三氯甲烷、1,1,1-三氯乙烷、1,1,2-三氯乙烷、四氯化碳。

三、《室内装饰装修材料 内墙涂料中有害物质限量》（GB 18582—2008）

1. 范围

本标准规定了室内装饰装修用墙面涂料中对人体有害物质容许限值的技术要求、试验方法、检验规则、包装标志、安全漆装及防护等内容。

本标准适用于室内装饰装修用水性墙面涂料。

本标准不适用于以有机物作为溶剂的内墙涂料。

2. 要求

产品中有害物质限量应符合表 1 要求：

表 1　有害物质限量要求

项 目		限量值
挥发性有机化合物（VOC）/（g/L）　≤		200
游离甲醛/（g/kg）	≤	0.1
重金属/（mg/kg）	可溶性铅　≤	90
	可溶性镉　≤	75
	可溶性铬　≤	60
	可溶性汞　≤	60

四、《室内装饰装修材料　胶粘剂中有害物质限量》（GB 18583—2008）（摘录）

1．范围

本标准规定了室内建筑装饰装修用胶粘剂中有害物质限量及其试验方法。
本标准适用于室内建筑装饰装修用胶粘剂。

2．要求

2.1 溶剂型胶粘剂中有害物质限量值

<table>
<tr><th rowspan="2">项　目</th><th colspan="4">指标</th></tr>
<tr><th>氯丁橡胶胶粘剂</th><th>SBS 胶粘剂</th><th>聚氨酯类胶粘剂</th><th>其他胶粘剂</th></tr>
<tr><td>游离甲醛/（g/kg）</td><td colspan="2">≤0.5</td><td>—</td><td>—</td></tr>
<tr><td>苯/（g/kg）</td><td colspan="4">≤5.0</td></tr>
<tr><td>甲苯+二甲苯/（g/kg）</td><td>≤200</td><td>≤150</td><td>≤150</td><td>≤150</td></tr>
<tr><td>甲苯二异氰酸酯/（g/kg）</td><td colspan="2">—</td><td>≤10</td><td>—</td></tr>
<tr><td>二氯甲烷/（g/kg）</td><td rowspan="4">总量≤5.0</td><td>≤50</td><td rowspan="4">—</td><td rowspan="4">≤50</td></tr>
<tr><td>1,2-二氯乙烷/（g/kg）</td><td rowspan="3">总量≤5.0</td></tr>
<tr><td>1,1,2-三氯乙烷/（g/kg）</td></tr>
<tr><td>三氯乙烯/（g/kg）</td></tr>
<tr><td>总挥发性有机物/（g/L）</td><td>≤700</td><td>≤650</td><td>≤700</td><td>≤700</td></tr>
</table>

注：如产品规定了稀释比例或产品有双组分或多组分组成时，应分别测定稀释剂和各组分中的含量，再按产品规定的配比计算混合后的总量。如稀释剂的使用量为某一范围时，应按照推荐的最大稀释量进行计算。

2.2 水基型胶粘剂中有害物质限量值

项　目	指　标				
	缩甲醛类胶粘剂	聚乙酸乙烯酯胶粘剂	橡胶类胶粘剂	聚氨酯类胶粘剂	其他胶粘剂
游离甲醛/（g/kg）	≤1.0	≤1.0	≤1.0	—	≤1.0
苯/（g/kg）	≤0.20				
甲苯+二甲苯/（g/kg）	≤10				
总挥发性有机物/（g/L）	≤350	≤110	≤250	≤100	≤350

2.3 本体型胶粘剂中有害物质限量值

项目	指　标
总挥发性有机物/（g/L）	≤100

五、《室内装饰装修材料　木家具中有害物质限量》（GB 18584—2001）（摘录）

1．范围

本标准规定了室内使用的木家具产品中有害物质的限量要求、试验方法和检验规则。本标准适用于室内使用的各类木家具产品。

2．要求

木家具产品应符合表1规定的有害物质限量要求。

表1　有害物质限量要求

项目		限量值
甲醛释放量/（mg/L）		≤1.5
重金属含量（限色漆）/（mg/kg）	可溶性铅	≤90
	可溶性镉	≤75
	可溶性铬	≤60
	可溶性汞	≤60

六、《室内装饰装修材料　壁纸中有害物质限量》（GB 18585—2001）（摘录）

1．范围

本标准规定了壁纸中的重金属（或其他）元素、氯乙烯单体及甲醛三种有害物质的限量、试验方法和检验规则。

本标准主要适用于以纸为基材的壁纸。

2. 要求

壁纸中的有害物质限量值应符合表 1 规定。

表 1 壁纸中的有害物质限量值 单位：mg/kg

有害物质名称		限量值
重金属（或其他）元素	钡	≤1 000
	镉	≤25
	铬	≤60
	铅	≤90
	砷	≤8
	汞	≤20
	硒	≤165
	锑	≤20
氯乙烯单体		≤1.0
甲醛		≤120

七、《室内装饰装修材料 聚氯乙烯卷材地板中有害物质限量》(GB 18586—2001)（摘录）

1. 范围

本标准规定了聚氯乙烯卷材地板（又称聚氯乙烯地板革）中氯乙烯单体、可溶性铅、可溶性镉和其他挥发物的限量、试验方法、抽样和检验规则。

本标准适用于以聚氯乙烯树脂为主要原料并加入适当助剂，用涂敷、压延、复合工艺生产的发泡或不发泡的、有基材或无基材的聚氯乙烯卷材地板（以下简称为卷材地板），也适用于聚氯乙烯复合铺炕革、聚氯乙烯车用地板。

2. 要求

2.1 氯乙烯单体限量

卷材地板聚氯乙烯层中氯乙烯单体含量应不大于 5 mg/kg。

2.2 可溶性重金属限量

卷材地板中不得使用铅盐助剂；作为杂质，卷材地板中可溶性铅含量应不大于 20 mg/m^2。

卷材地板中可溶性镉含量应不大于 20 mg/m^2。

2.3 挥发物的限量

卷材地板中挥发物的限量见表 1。

表 1 挥发物的限量 单位：g/m^2

发泡类卷材地板中挥发物的限量		非发泡类卷材地板中挥发物的限量	
玻璃纤维基材	其他基材	玻璃纤维基材	其他基材
≤75	≤35	≤40	≤10

八、《室内装饰装修材料 地毯、地毯衬垫及地毯胶粘剂有害物质释放限量》（GB 18587—2001）（摘录）

1．范围

本标准规定了地毯、地毯衬垫及地毯胶粘剂中有害物质释放限量、测试方法及检验规则。

本标准适用于生产或销售的地毯、地毯衬垫及地毯胶粘剂。

2．要求

A 级为环保型产品，B 级为有害物质释放限量合格产品。

2.1 地毯有害物质释放限量［单位：mg/（m^2·h）］

序号	有害物质测试项目	限量	
		A 级	B 级
1	总挥发性有机化合物（TVOC）	≤0.500	≤0.600
2	甲醛	≤0.050	≤0.050
3	苯乙烯	≤0.400	≤0.500
4	4-苯基环己烯	≤0.050	≤0.050

2.2 地毯衬垫有害物质释放限量［单位：mg/（m^2·h）］

序号	有害物质测试项目	限量	
		A 级	B 级
1	总挥发性有机化合物（TVOC）	≤1.000	≤1.200
2	甲醛	≤0.050	≤0.050
3	丁基羟基甲苯	≤0.030	≤0.030
4	4-苯基环己烯	≤0.050	≤0.050

2.3 地毯胶粘剂有害物质释放限量［单位：mg/（m^2·h）］

序号	有害物质测试项目	限量	
		A 级	B 级
1	总挥发性有机化合物（TVOC）	≤10.000	≤12.000
2	甲醛	≤0.050	≤0.050
3	2-乙基己醇	≤3.000	≤3.500

九、《混凝土外加剂中释放氨的限量》（GB 18588—2001）（摘录）

1．范围

本标准规定了混凝土外加剂中释放氨的限量。

本标准适用于各类具有室内使用功能的建筑用、能释放氨的混凝土外加剂，不适用于桥梁、公路及其他室外工程用混凝土外加剂。

2．要求

混凝土外加剂中释放氨的量≤0.10%（质量分数）。

十、《建筑材料放射性核素限量》（GB 6566—2010）（摘录）

1．范围

本标准规定了建筑材料中天然放射性核素镭-226、钍-232、钾-40放射性比活度的限量和试验方法。

本标准适用于建造各类建筑物所使用的无机非金属类建筑材料，包括掺工业废渣的建筑材料。

2．要求

2.1 建筑主体材料

当建筑主体材料中天然放射性核素镭-226、钍-232、钾-40 的放射性比活度同时满足 $I_{Ra}\leqslant 1.0$ 和 $I_{\gamma}\leqslant 1.0$ 时，其产销与使用范围不受限制。

对于空心率大于25%的建筑主体材料，其天然放射性核素镭-266、钍-232、钾-40的放射性比活度同时满足 $I_{Ra}\leqslant 1.0$ 和 $I_{\gamma}\leqslant 1.3$ 时，其产销与使用范围不受限制。

2.2 装修材料

本标准根据装修材料放射性水平大小划分为以下三类：

2.2.1　A类装修材料

装修材料中天然放射性核素镭-226、钍-232、钾-40的放射性比活度同时满足 $I_{Ra}\leqslant 1.0$ 和 $I_{\gamma}\leqslant 1.3$ 要求的为A类装修材料。A类装修材料产销与使用范围不受限制。

2.2.2　B类装修材料

不满足A类装修材料要求但同时满足 $I_{Ra}\leqslant 1.3$ 和 $I_{\gamma}\leqslant 1.9$ 要求的为B类装修材料。B类装修材料不可用于1类民用建筑的内饰面，但可用于1类民用建筑的外饰面及其他一切建筑物的内、外饰面。

2.2.3　C类装修材料

不满足A、B类装修材料要求但满足 $I_{\gamma}\leqslant 2.8$ 要求的为C类装修材料。C类装修材料只可用于建筑物的外饰面及室外其他用途。

2.2.4　$I_{\gamma}>2.8$ 的花岗石只可用于碎石、海堤、桥墩等人很少涉及的地方。

附录九　参考标准

（1）《室内空气质量标准》（GB/T 18883—2002）
（2）《健康住宅建设技术要点（2004 年版）》
（3）《健康住宅建设技术规程（2009 年版）》
（4）《民用建筑工程室内环境污染控制规范（2013 版）》（GB 50325—2010）
（5）《旅店业卫生标准》（GB 9663—1996）
（6）《文化娱乐场所卫生标准》（GB 9664—1996）
（7）《公共浴室卫生标准》（GB 9665—1996）
（8）《理发店、美容店卫生标准》（GB 9666—1996）
（9）《游泳场所卫生标准》（GB 9667—1996）
（10）《体育馆卫生标准》（GB 9668—1996）
（11）《图书馆、博物馆、美术馆、展览馆卫生标准》（GB 9669—1996）
（12）《商场（店）、书店卫生标准》（GB 9670—1996）
（13）《医院候诊室卫生标准》（GB 9671—1996）
（14）《公共交通等候室卫生标准》（GB 9672—1996）
（15）《公共交通工具卫生标准》（GB 9673—1996）
（16）《饭馆（餐厅）卫生标准》（GB 16153—1996）
（17）《居室空气中甲醛的卫生标准》（GB/T 16127—1995）
（18）《室内氡及其子体控制要求》（GB/T 16146—2015）
（19）《地下建筑氡及其子体控制标准》（GBZ 116—2002）
（20）《室内空气中细菌总数卫生标准》（GB/T 17093—1997）
（21）《室内空气中二氧化碳卫生标准》（GB/T 17094—1997）
（22）《室内空气中可吸入颗粒物卫生标准》（GB/T 17095—1997）
（23）《室内空气中氮氧化物卫生标准》（GB/T 17096—1997）
（24）《室内空气中二氧化硫卫生标准》（GB/T 17097—1997）
（25）《室内空气中臭氧卫生标准》（GB/T 18202—2000）
（26）《室内装饰装修材料　人造板及其制品中甲醛释放限量》（GB 18580—2001）
（27）《室内装饰装修材料　溶剂型木器涂料中有害物质限量》（GB 18581—2009）
（28）《室内装饰装修材料　内墙涂料中有害物质限量》（GB 18582—2008）
（29）《室内装饰装修材料　胶粘剂中有害物质限量》（GB 18583—2008）
（30）《室内装饰装修材料　木家具中有害物质限量》（GB 18584—2001）
（31）《室内装饰装修材料　壁纸中有害物质限量》（GB 18585—2001）
（32）《室内装饰装修材料　聚氯乙烯卷材地板中有害物质限量》（GB 18586—2001）

（33）《室内装饰装修材料　地毯、地毯衬垫及地毯胶粘剂有害物质释放限量》（GB 18587 —2001）
（34）《混凝土外加剂中释放氨的限量》（GB 18588—2001）
（35）《建筑材料放射性核素限量》（GB 6566—2010）
（36）《公共场所卫生检验方法　第 1 部分：物理因素》（GB/T 18204.1—2013）
（37）《公共场所卫生检验方法　第 2 部分：化学污染物》（GB/T 18204.2—2014）
（38）《居住区大气中甲醛卫生检验标准方法　分光光度法》（GB/T 16129—1995）
（39）《空气质量　甲醛的测定　乙酰丙酮分光光度法》（GB/T 15516—1995）
（40）《环境空气和废气　氨的测定　纳氏试剂分光光度法》（HJ 533—2009）
（41）《环境空气　氨的测定　次氯酸钠-水杨酸分光光度法》（HJ 534—2009）
（42）《环境空气　二氧化氮的测定　Saltzman 法》（GB/T 15435—1995）
（43）《环境空气　二氧化硫的测定　甲醛吸收-副玫瑰苯胺分光光度法》（HJ 482—2009）
（44）《空气质量　一氧化碳的测定　非分散红外法》（GB 9801—1988）
（45）《环境空气　臭氧的测定　靛蓝二磺酸钠分光光度法》（HJ 504—2009）
（46）《室内空气中可吸入颗粒物卫生标准》（GB/T 17095—1997）
（47）《环境空气　苯系物的测定　固体吸附/热脱附-气相色谱法》（HJ 583—2010）
（48）《环境空气中氡的标准测量方法》（GB/T 14582—1993）
（49）《分析实验室用水规格和试验方法》GB/T 6682—2008）
（50）《数值修约规则与极限数值的表示和判定》（GB/T 8170—2008）
（51）《人造板及饰面人造板理化性能试验方法》（GB/T 17657－2013）
（52）《居住区大气中苯、甲苯和二甲苯卫生检验标准方法　气相色谱法》（GB 11737—1989）
（53）《居住区大气中二氧化氮检验标准方法　改进的 Saltzman 法》（GB 12372—1990）
（54）《环境空气 氨的测定　次氯酸钠-水杨酸分光光度法》（HJ 534—2009）
（55）《空气质量 氨的测定　离子选择电极法》（GB/T 14669—93）
（56）《环境空气 二氧化硫的测定　甲醛吸收-副玫瑰苯胺分光光度法》（HJ 482—2009）
（57）《环境空气 臭氧的测定　紫外光度法》（HJ 590—2010）
（58）《环境空气 苯并[*a*]芘测定　高效液相色谱法》（GB/T 15439—1995）
（59）《居住区大气中二氧化硫卫生检验标准方法　甲醛溶液吸收-盐酸副玫瑰苯胺分光光度法》（GB/T 16128—1995）
（60）《居住区大气中甲醛卫生检验标准方法　分光光度法》（GB/T 16129—1995）
（61）《空气中氡浓度的闪烁瓶测量方法》（GB/T 16147—1995）
（62）《建筑材料放射性核素限量》（GB 6566—2010）
（63）《色漆和清漆用漆基　异氰酸酯树脂中二异氰酸酯单体的测定》（GB/T 18446—2009）
（64）《民用建筑设计通则》（GB 50352—2005）
（65）《公共建筑节能设计标准》（GB 50189—2015）

（66）《地下工程防水技术规范》（GB 50108—2008）
（67）《工业建筑供暖通风与空气调节设计规范》（GB 50019—2015）
（68）《空气质量 氨的测定　离子选择电极法》（GBT 14669—1993）
（69）《环境空气 臭氧的测定　紫外光度法》（HJ 590—2010）

参考文献

[1] 国家环境保护总局《空气和废气监测分析方法》编委会．空气和废气监测分析方法（第四版增补版）．北京：中国环境科学出版社，2007．

[2] 张蒿，赵雪君．室内环境与检测．北京：中国建材工业出版社，2015．

[3] 干雅平．室内环境检测．杭州：浙江大学出版社，2014．

[4] 税永红，陈光荣．室内环境检测与治理．北京：科学出版社，2015．

[5] 李继业，张峰，李海豹．室内环境检测与治理实用技术．北京：化学工业出版社，2015．

[6] 王怀宇，姚运先．环境监测．北京：高等教育出版社，2007．

[7] 李新．室内环境与检测．北京：化学工业出版社，2006．

[8] 姚运先，冯雨峰，杨光明．室内环境监测．北京：化学工业出版社，2005．

[9] 崔九思．室内环境检测仪器及应用技术．北京：化学工业出版社，2004．

[10] 朱立，周银芬，陈寿生．放射性元素氡与室内环境．北京：化学工业出版社，2004．

[11] 钱沙华，韦进宝．环境仪器分析．北京：中国环境科学出版社，2004．

[12] 曾凡刚．大气环境监测．北京：化学工业出版社，2003．

[13] 朱天乐．室内空气污染控制．北京：化学工业出版社，2003．

[14] 姚运先．环境监测技术．北京：化学工业出版社，2003．

[15] 吴忠标．环境监测．北京：化学工业出版社，2003．

[16] 崔九思．室内空气污染监测方法．北京：化学工业出版社，2002．

[17] 周中平，等．室内污染检测与控制．北京：化学工业出版社，2002．

[18] 曲建翘，薛丰松，蒙滨．室内空气质量检验方法指南．北京：中国标准出版社，2002．

[19] 宋广生．室内环境质量评价及检测手册．北京：机械工业出版社，2002．

[20] 王正萍，周雯．环境有机污染物监测分析．北京：化学工业出版社，2002．

[21] 黄一石．仪器分析．北京：化学工业出版社，2002．

[22] 杨若明．环境中有毒有害化学物质的污染与监测．北京：中央民族大学出版社，2001．

[23] 吴邦灿，等．现代环境监测技术．北京：中国环境科学出版社，1999．

[24] 奚旦立，等．环境监测：修订版．北京：高等教育出版社，1996．

[25] 崔九思，王钦源，王汉平．大气污染监测方法. 2 版．北京：化学工业出版社，1996．